7天学会

本书特色

边学边练，7天就能学会
知识点精炼够用，实例相当丰富
图书+视频光盘，轻松搞定学习

轻松学得快丛书

系统操作+Office三合一

U0117644

电脑办公

三虎工作室 编著

科学出版社
www.sciencep.com

北京希望电子出版社
Beijing Hope Electronic Press
www.bhp.com.cn

内 容 简 介

本书从实际应用的角度出发，以实际办公应用案例精讲为核心，以上机实践提高读者应用水平为目标，全面细致地介绍办公软件的使用方法和技巧。主要内容包括安装 Windows Vista 操作系统、Windows Vista 的基本操作、使用文件及文件夹、常用工具软件的使用、系统性能优化与设置、Word 基本操作入门、Excel 基本操作入门、PowerPoint 基本操作入门、局域网与 Internet 的使用、电脑维护与病毒防治、制作游泳比赛通知、房地产宣传手册、求职简历、出差费用记录表、公司年度销售报表、新产品发布演示文稿、企业形象宣传演示文稿等。

本书内容详实、结构清晰、案例丰富，通过"步骤引导、图解操作"的讲解方式做到理论与实践相结合，从而使读者能在短时间内充分掌握电脑办公的操作技巧。同时，本书还配有视频教学光盘，可以大大提高读者的学习效率。

本书适合电脑办公的初、中级读者自学用书，也可作为电脑培训班相关指导教材。

需要本书或技术支持的读者，请与北京清河 6 号信箱（邮编：100085）发行部联系，电话：010-62978181（总机）转发行部、010-82702675（邮购），传真：010-82702698，E-mail：tbd@bhp.com.cn。

图书在版编目（CIP）数据

7 天学会电脑办公 / 三虎工作室编著. —北京：科学出版社，2010

ISBN 978-7-03-025143-5

Ⅰ. 7... Ⅱ. 三... Ⅲ. 办公室—自动化—应用软件—基本知识 Ⅳ. TP317.1

中国版本图书馆 CIP 数据核字（2009）第 134100 号

责任编辑：孙 倩　　　／责任校对：马 君
责任印刷：密 东　　　／封面设计：迪一广告

科学出版社 出版

北京东黄城根北街 16 号
邮政编码：100717
http://www.sciencep.com

北京市密东印刷有限公司印刷

科学出版社发行　　各地新华书店经销

*

2010 年 1 月第 1 版　　　开本：787mm×1092mm 1/16
2010 年 1 月第 1 次印刷　　印张：18
印数：1-3 000 册　　　字数：410 千字

定价 34.00 元(配 1 张 CD)

前　言 ◄◄◄

────────────────────────────── *Preface*

　　随着信息技术的迅猛发展，电脑办公自动化技术和电脑设计已成为现代人生活和工作的一大基本技能。在这竞争日益激烈的今天，谁掌握的基本技能越多，谁就获得了更多的谋生手段。因此，人们在繁忙的工作和生活中必须不断学习新知识，掌握新技术，这样才不会被社会所淘汰。

　　想去培训学校学习又没有时间，如果经常让朋友、同事来指导又怕麻烦他们，为此，我们为读者精心策划了《轻松学得快》这套自学丛书，《轻松学得快》丛书立意新颖、构思独特，采用"图书+多媒体自学光盘"立体化教学模式，针对电脑软件操作和电脑设计的学习特点，采用"零起点学习软件操作基础，范例精解提高软件驾驭能力，上机实践提升专业设计技能"这一循序渐进的教学过程，引导初学者 7 天时间掌握软件基本操作技能，从而进入设计的大门。因此，本套丛书非常适合电脑初级读者学习。

 丛书特色

　　《轻松学得快》丛书从实际应用的角度出发，以时间为写作线索，采用"基础导读"+"范例精讲"+"上机实战"+"巩固与练习"的编写结构，突出边学边练、学练结合的自学特点，充分发挥了读者的主观能动性，快速提高读者的学习效率。

　　● **基础导读**

　　用最直接、最精练的方式讲解了软件的基础知识、概念、工具或行业知识，使读者可以快速了解软件的基础知识、熟悉并掌握软件的基础操作。

　　● **范例精讲**

　　这部分精心安排的一个或几个典型实例，使读者达到深入了解各软件功能的目的，同时引导读者在短时间内提高软件操作技能。

　　● **上机实战**

　　精心安排的上机实战案例，给出操作步骤提示，边学边练，以进一步提高软件的应用水平。

　　● **巩固与练习**

　　这部分通过将掌握到的知识应用到实际中，使读者进一步强化所学知识、巩固所学知识，做到学以致用。

　　● **易学易懂**

　　本套丛书不仅结构科学，而且语言简洁，图文互解，步骤清晰，易学易懂。

　　● **科学分配学习时间**

　　针对电脑软件技术这一教学特点，重在培养读者的实际动手能力，因此，根据各软件的特点，我们精心安排了"基础导读"、"范例精讲"、"上机实战"以及"巩固与练习"各模块的科学学习时间，极大地提高了学习效率。

● **提供视频教学光盘**

为了提高读者的学习效率，达到轻松易学的效果，本套提供了视频教学光盘，这样读者就可以象看电影一样轻松学习软件操作。

 本书作者

本书由三虎工作室编著，参与本书编写的还有胡小春、朱世波、蒋平、王政、唐蓉、尹新梅、刘晓忠、马秋去、刘传梁、毕涛、李勇、牟正春、李晓辉、李波等。

目 录 ◀◀◀

Contents

07 制作游泳比赛通知

08 房地产宣传手册编排

09 制作求职简历

第 4 天

10 Excel 基本操作入门

第 5 天

13 PowerPoint 基本操作入门

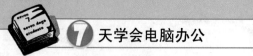

第 *1* 天

Chapter

安装 Windows Vista

操作系统

01

▶▶ 学习内容

1.1 认识电脑办公自动化
1.2 认识电脑办公硬件
1.3 认识电脑办公软件
1.4 认识 Windows Vista 操作系统
1.5 Windows Vista 的安装
1.6 安装 Office 2007

▶▶ 学习重点

- 办公自动化的主要内容
- 办公自动化的特点
- 打印机、复印机、传真机等办公硬件
- Microsoft Office 简介
- 金山 WPS Office 简介
- 安装 Windows Vista 的基本条件
- 安装前的准备工作
- 安装 Windows Vista 系统

▶▶ 精彩实例效果展示

◀ 办公设备

◀ 操作系统

◀ 办公软件

7 天学会电脑办公

1.1 认识电脑办公自动化

如今，随着时代不断的进步，电脑已经逐步走进了人们的生活和工作了！原来堆积如山的资料和账本，现在都可以利用电脑进行分类保存，而且还便于查找。因此，电脑办公日渐发展并趋于成熟，被广大用户所接受和认同！

1.1.1 办公自动化的主要内容

产生信息和处理办公信息是办公自动化的两个重要方面。常见的办公信息主要包括文字、报表、图形图像等，如图 1-1 所示。

● 图形图像处理

● 使用 Word 制作房地产宣传手册

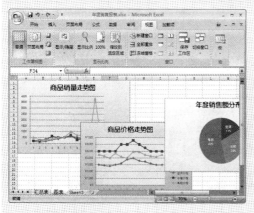

● 使用 Excel 制作公司年度销售报表

● 使用 PowerPoint 制作企业形象宣传演示文稿

图 1-1 办公自动化应用

利用电脑办公，可以将现代技术装备、科学管理思想及行为科学有机结合在一起，以提高办公质量和效率。电脑办公自动化的主要内容包括文字处理、日程管理、数值和非数值计算、图形图像处理、信息存储与管理、报表处理和辅助决策等方面。

1.1.2 办公自动化的特点

现代办公与传统办公相比不仅在内容和对象上存在较大的区别，更主要的是在方式和手段上存在差别。传统办公中有许多需要大量人工进行处理的内容，在现代办公中大都用电脑替代了，现代办公的效率更高，管理更加有序。

现代办公自动化主要有以下几个特点。

- 实现各种办公设备、资料、数据的有效管理，防止信息资源的流失。
- 提高办公效率，减小劳动强度，充分利用各单位、企业内部的知识资源和技能。
- 运用网络建立平台，不仅方便交流，而且实现资源的充分运用、反馈信息的及时收集。

1.2　认识电脑办公硬件

1st
Day

2nd
Day

3rd
Day

4th
Day

5th
Day

6th
Day

7th
Day

电脑办公设备包括电脑、打印机、复印机、传真机以及其他日常办公需要的设备。下面让我们来详细了解一下各种电脑办公设备！

1.2.1　电脑

在现代办公设备中，电脑发挥着主导作用，协调其他办公设备完成办公自动化任务，图 1-2 所示为台式电脑。

图 1-2　台式电脑

1.2.2　打印机

打印机是用来输出文件的设备。可以输出文字、图像，现在为配合家用数码相机的使用，市场上也出现了能打印出照片的打印机。从打印机原理上来讲，市场上常见的打印机大致分为喷墨打印机和激光打印机两种，如图 1-3 和图 1-4 所示。

图 1-3　喷墨打印机

图 1-4　激光打印机

1.2.3　复印机

复印机是一种人们早已熟悉的现代办公设备，主要用于复印大量的文件、书刊等文稿，功能强大的复印机甚至可以复印大幅面的工程图。现代彩色复印机与数码复印机的出现更是把现代复印技术应用提高到一个崭新的领域，图 1-5 所示为台式复印机。

1.2.4 传真机

传真机是使用最为频繁的办公设备之一，尤其是一些从事贸易工作的人经常会用它收发合同、报价、产品资料以及复印文稿、身份证等。传真机的外观如图 1-6 所示。目前市场上的传真机按功能分类主要有以下 3 种。

（1）简易型传真机：只有最简单的收发功能；

（2）标准型传真机：除收发传真外，还有接打电话、复印、切纸等功能；

（3）多功能型传真机：在标准型传真机的基础上还增加了录音电话、无纸接收、多点发送等功能。

图 1-5　台式复印机

图 1-6　传真机

1.2.5 光盘刻录机

刻录机的用途一般是刻制光盘。刻录机的外观和光驱差不多，如要区别它们，可以看其表面的标识 RW，如图 1-7 所示。刻录机分为 CD 刻录机和 DVD 刻录机两种。

CD 刻录机具有统一的规格——CD-RW，因此不存在规格兼容性的问题。而 DVD 刻录并没有建立起统一的规格，目前主要有 3 种不同的刻录规格（DVD-RAM、DVD-RW、DVD+RW），而且 3 种规格互不兼容，有各自厂商的支持。市场上主流DVD 刻录机是 DVD+RW。

图 1-7　DVD 刻录机

1.2.6 多功能一体机

多功能一体机是具有多种外设功能的办公设备，它主要是从打印机和传真机发展而来，采用完善的集成技术，将打印、复印、扫描、传真等众多功能集成一体，这样既节约了办公空间，又节约了购买其他设备的经费，既经济又高效，图 1-8 所示为一款联想多功能一体机。

有些设备还集激光打印、彩色扫描与复印 3 种功能于一身，图 1-9 所示为一款 Canon 多功能一体机。

图 1-8　联想多功能一体机

图 1-9　Canon 多功能一体机

1ˢᵗ
Day

2ⁿᵈ
Day

3ʳᵈ
Day

4ᵗʰ
Day

5ᵗʰ
Day

6ᵗʰ
Day

7ᵗʰ
Day

1.2.7　其他相关设备

除了上述介绍的办公设备外，还有诸如扫描仪、数码相机等产品为日常办公服务。

（1）扫描仪

扫描仪是一种高精度的光电一体化的高科技产品，它是将各种形式的图像信息输入电脑的重要工具，其外形如图 1-10 所示。在日常办公使用中，扫描仪可以说是除键盘、鼠标和麦克风外电脑内使用最广泛的输入设备，可以用扫描仪来输入各种图片建立商业网站，也可以扫描手写信函作为电子邮件发送，还可以扫描识别各种报刊、杂志等文字。

（2）数码相机

数码相机是一种集传统相机、光学和电子元件为一体的数码产品，如图 1-11 所示。数码相机能快速地对实像进行高质量取景，再通过内部处理把拍摄到的取景物转化为数字信息存储。还具有大容量存储，可以根据拍摄场景所用不同的格式和分辨率来存储。在一定条件下，数码相机还可以直接与移动电话或者笔记本电脑相连接。当图像被拍摄后，需要通过特殊的电缆传送到电脑中进行处理，检查图像是否正确，并且可以输出到打印机中或者以电子邮件的形式发送。

图 1-10　扫描仪

图 1-11　数码相机

1.3　认识电脑办公软件

办公自动化软件是日常办公中处理各种事务的一种软件，它能够使人们在办公的时候更加得心应手！目前，国内用户经常使用的办公软件为 Microsoft Office 和金山 WPS Office。

1.3.1 Microsoft Office 简介

微软的 Microsoft Office 是当今使用最为广泛的办公软件。从 20 世纪 80 年代微软公司开始推出 Office 小公软件以来，经过了一系列的升级换代。其中 Office 97、Office 2000、Office XP、Office 2003 是它几个重要的里程碑，最新版的 Office 2007 更是其巅峰之作，其产品标志如图 1-12 所示。

Microsoft Office 可以作为办公和管理的平台，以提高使用者的工作效率和决策能力。在 Office 中各个组件仍有着比较明确的分工。一般说来，Word 主要用来进行文本的输入、编辑、排版、打印等工作；Excel 主要用来进行有繁重计算任务的预算、财务、数据汇总等工作；PowerPoint 主要用来制作演示文稿、幻灯片及投影胶片等；Access 主要用于数据库处理；Outlook 主要用于邮件管理；FrontPage 主要用来制作和发布因特网的 Web 页面(注：在 Office 2003 版以后已脱离 Office 系列)。

图 1-12 Microsoft Office 产品标志

1.3.2 金山 WPS Office 简介

金山 WPS 是国内自主研发的一款办公软件，目前其最新版本为金山 WPS Office 2005(见图 1-13)，它遵循 XML 标准，采用"数据中间层"技术，格式兼容实现突破性进展，从而使用户交换数据更为方便，信息沟通更加顺畅。其特点有以下几个方面。

- 语言支持全球化：WPS Office 2005 采用 Unicode 内核，支持国际化多语言文字编辑，适应全世界 80 种以上的语言，实现跨国、跨地区的文档交流。
- 整合办公自动化：WPS Office 2005 采用 COM 技术，提供标准的开发接口，支持基于 Lotus Notes、MS Exchange 以及 Web 化的办公应用。
- 图文混排专业化：WPS Office 2005 超越一般办公软件文字排版内核的思路，采用先进的图文混排引擎，能够排出复杂的版面，在同类软件中处于领先地位。
- 集成办公高效化：WPS Office 2005 提供技术全面优化的四大模块：金山文字、金山表格、金山演示、金山邮件，运行效率显著提高。

图 1-13 WPS Office 2005

WPS Office 2005 中丰富的公文模板和特有的文字竖排功能，使它更适应国内办公应用的需求。其良好的文件格式兼容性保证了跨平台的应用，是一款开放、高效的中文办公平台。

1.4 认识 Windows Vista 操作系统

历经 5 年之后，Windows Vista 终于走近了我们，它具有一个类似苹果 Mac 操作系统的漂亮界面、改进的安全性和比以前更为强大的网络功能。与 XP 相比，Vista 具有很大的改进，下面介绍一下 Windows Vista 的几大优点。

1．图形界面和 Windows Aero 效果

Vista 最让人喜欢的改变可能就是它的新界面了。像玻璃一样透明的窗口，还有屏幕右侧的侧边栏可以放一些有用的小玩意，窗口外观的颜色比以往任何 Windows 版本更加轻柔。

在 Windows Vista 中进行任务切换是一件令人愉悦的事情，只需同时按下 Windows+Tab 组合键，便可进入 Windows Flip 3D(3D 翻阅)功能。这时，所有运行中的应用程序均以图形化的方式展现在桌面上，显示的缩略窗口是动态的，能够实时反映程序的运行状态，这让用户在选择任务时更加直观、简单，如图 1-14 所示。

2．操作系统核心进行了全新修正

Windows XP 和 Windows 2000 的核心并没有完善的安全性方面的设计，因此只能一点点打补丁，Windows Vista 在这个核心上进行了很大的修正。例如在 Windows Vista 中，部分操作系统运行在核心模式下，而硬件驱动等运行在用户模式下，核心模式要求非常高的权限，这样一些病毒木马等就很难对核心系统造成破坏。在电源管理上也引入了睡眠模式，让 Windows Vista 可以从不关机，而只是极低电量消耗的待机，启动起来非常快。内存管理和文件系统方面引入了 SuperFetch 技术，可以把经常使用的程序预存到内存，以提高性能。此外用户的后台程序不会夺取较高的运行等级了，不用担心突然一个后台程序运行让用户动弹不得。因为硬件驱动运行在用户模式，驱动坏了不会影响到系统，而且装驱动也无须重启电脑了。

3．全面改进的安全功能

众所周知，Windows Vista 以前的 Windows 版本充满了安全漏洞。在 Windows Vista 中微软把安全性作为头等大事来解决，取得了不错的进步。

首先是 Windows 防火墙的改进，现在它已经可以阻挡有威胁的外出连接和进入连接，这一改进加强了对恶意软件的防范，如图 1-15 所示。

图 1-14　Windows Flip 3D 界面效果

图 1-15　改进的防火墙

另外，Windows Vista 还内置了反间谍软件 Windows Defender，这是一个免费的程序，它可以帮助计算机抵御间谍软件。同时，它还具有实时保护的功能，拥有一个在检测到间谍软件时建议用户采取何种措施的监视系统，可最大程度地减少中断并且不影响用户的正常工作。

Windows Vista 还引进了 Bitlocker 加密技术,用于预先保护硬盘内部数据的安全性。而且一些更大的安全改进依然在酝酿之中,例如为企业级网络设计的网络访问保护功能,可以让网络管理员设定要求来限制任何电脑连接到网络时必须满足的条件,如具有最新的病毒特征码等。

4.超强的搜索功能

搜索功能被嵌入在 Windows Vista 的很多地方,例如在"开始"菜单上,在 Windows 资源浏览器的右上角都可以看到;你还可以通过"开始"菜单→"搜索"来使用它。它使用索引来执行搜索,因此搜索速度非常快。而且,当键入关键词的时候,它即开始在索引中查找相匹配的内容,有可能你的关键词还没有输入完,你想要找的内容已经呈现在眼前。它可以搜索文档、电子邮件、应用程序和你访问过的 Web 站点。

此外,Windows Vista 还有一个功能非常强大的高级搜索工具,可以从使用日期、文件大小、作者、标签和位置来减小搜索范围,从而更快速准确地找到相应文件。它支持布尔条件的搜索,甚至可以搜索在你网络上的其他电脑上的资源,当然前提是你有权利读取其他电脑的资源。

1.5 Windows Vista 的安装

在对 Windows Vista 有一个基本的了解之后,接着就要进行 Windows Vista 的安装。由于 Windows Vista 系统的特殊性,它的安装和以前版本的 Windows 有着很大的不同,下面就一起来看看怎样安装 Windows Vista 吧!

1.5.1 安装 Windows Vista 的基本条件

Windows Vista 硬件要求比 Windows XP 高得多,根据微软官方的数据,安装 Vista 的硬件要求总结整理如下。

（1）最低配置要求
- 800MHz 以上的 CPU
- 512MB 内存
- DirectX90 兼容显卡

（2）官方推荐配置
- 1GHz 以上的 CPU
- 1GB 的内存
- 具有 128MB 显存的 Windows Aero 兼容显卡（或支持 Aero 图形的显卡）
- 40GB 的硬盘（至少 15GB 剩余空间）
- DVD 光驱、声卡和因特网连接

安装 Windows Vista 系统的软件要求,主要是指于硬盘系统的,具体有以下两个方面。

（1）安装 Windows Vista 系统的硬盘分区必须采用 NTFS 结构,否则安装过程中会出现错误提示而无法正常安装。

（2）由于 Windows Vista 系统对于硬盘可用空间的要求比较高,因此用于安装 Windows Vista 系统的硬盘要确保至少有 15GB 的可用空间,最好能够提供 40GB 可用空间的分区供系统安装使用。

1.5.2　安装前的准备工作

全新安装 Windows Vista 之前，还需要进行相应的准备。

1．自备系统安装光盘

如果用户通过下载的方式获得了 Windows Vista 测试版的安装软件，那么首先需要将其刻录到光盘上。这需要用户有 DVD 刻录机以及相应的刻录软件。用户也可以直接购买正版安装光盘。

2．设置光驱启动优先

全新安装 Windows Vista 时，需要用光盘启动安装程序，因此需要将 CD-ROM 设置为最先启动的优先级。

3．准备磁盘分区

Windows Vista 对于磁盘分区的要求比较高，一方面要求至少具有 15GB 的可用空间，另外一方面还要求该分区为 NTFS 结构。因此，在开始安装系统之前，要确保分区符合这两方面的条件。

1.5.3　安装 Windows Vista 系统

安装前的准备工作完成之后，将 Windows Vista 系统光盘放入 DVD 光驱中，并且重新启动电脑由光驱引导系统，接着可以参照下面的步骤完成 Windows Vista 的安装工作。

01 当系统通过 Windows Vista 光盘引导之后，首先将看到如图 1-16 所示的预加载界面。

02 正在启动安装程序，加载 boot.wim，启动 PE 环境。这个过程可能比较长，需要用户耐心等待，如图 1-17 所示。

图 1-16　预加载界面　　　　　　　　　图 1-17　启动 PE 环境

03 安装程序启动，选择要安装的语言类型，同时选择适合的时间和货币显示种类及键盘和输入方式，如图 1-18 所示。

04 单击"现在安装"按钮，开始进行安装，如图 1-19 所示。

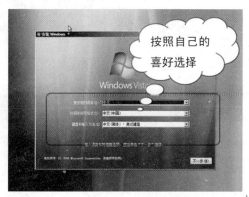

图 1-18 选择各种参数

图 1-19 开始安装

05 安装过程比较长，需要耐心等待。如果用户的机器配置比较高，这个过程会缩短一些，如图 1-20 所示。

06 输入"产品密钥"，如果用户不输入"产品密钥"，而直接单击"下一步"按钮，这时会出现一个警告，单击"否"即可。然后在出现的列表中选择用户购买的 Windows Vista 的版本名称，同时勾选下面的复选框，接着单击"下一步"按钮，如图 1-21 所示。

图 1-20 安装界面

图 1-21 输入"产品密钥"进入下一个界面

07 安装界面中写着"选择购买的 Windows 版本"，选择版本后，单击"下一步"按钮就可以了，如图 1-22 所示。

08 勾选"我接受许可条款"复选框，然后单击"下一步"按钮，如图 1-23 所示。

图 1-22 选择版本

图 1-23 勾选"我接受许可条款"复选框

09 选择安装类型，升级或者自定义（高级），不过升级前提是 C 盘剩余空间大于 11GB（默认升级前的 XP 在 C 盘），而且 Windows XP 和 Windows Vista 语言要一致。由于我们是用安装光盘引导启动安装，因此不能够使用升级，如图 1-24 所示。

10 选择要安装的分区，然后单击"下一步"按钮，如图 1-25 所示。

图 1-24　选择安装类型

图 1-25　选择要安装的分区

11 至此，安装过程中所需的信息已经全部收集完毕了，安装程序将会自动完成剩余的操作。接下来 Windows Vista 开始复制安装文件并配置系统设置，如图 1-26 所示。

12 继续释放文件进行安装，如图 1-27 所示。

图 1-26　复制安装文件并配置系统设置

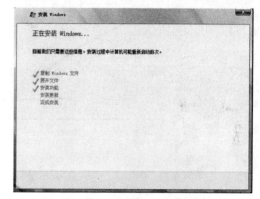
图 1-27　继续释放文件

13 安装更新，进入"安装完成"阶段，如图 1-28 所示。

14 安装完成后，系统提示需要重新启动，这时单击"立即重新启动"按钮即可，如图 1-29 所示。

图 1-28　进入"安装完成"阶段

图 1-29　单击"立即重新启动"按钮

1st Day
2nd Day
3rd Day
4th Day
5th Day
6th Day
7th Day

⑮ 系统进行第一次启动，启动界面如图 1-30 所示。

⑯ 重启后进入 Windows Vista 设置阶段。在这里可以输入用户名、密码，并选择头像，以及桌面背景等，如图 1-31 所示。

图 1-30　启动界面

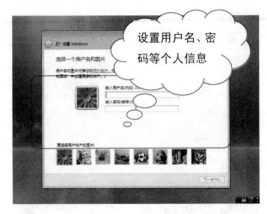

图 1-31　进入 Windows Vista 设置阶段

⑰ 接着输入电脑名并选择桌面背景，如图 1-32 所示。

图 1-32　输入电脑名并选择桌面背景

⑱ 选择"帮助自动保护 Windows"的方式，第一项"使用推荐设置"，包括使 Windows 保持更新，帮助微软使 IE 浏览器更安全，向微软报告问题；第二项，"仅安装 Windows 重要的更新；第三项，"以后询问我"，但可能使 Windows 有一定危险。这里还是推荐选择第一项，选择完成后单击"下一步"按钮，如图 1-33 所示。

图 1-33　选择帮助自动保护 Windows 的方式

⑲ 进行时间和日期的设置，如图 1-34 所示。

⑳ 完成设置后准备启动，到此终于可以尽情享受 Windows Vista 了。单击"开始"按钮，进入 Windows Vista 系统，如图 1-35 所示。

图 1-34　设置时间和日期

图 1-35　完成设置

1st Day

2nd Day

3rd Day

4th Day

5th Day

6th Day

7th Day

㉑ 在体验 Windows Vista 之前，还需要检测系统性能。检测过程中，Windows Vista 将会展示 Windows Vista 全新体验的简介，如图 1-36 所示。

㉒ 选择字型之后，将会进入 Windows Vista 的界面，安装到此完成，如图 1-37 所示。

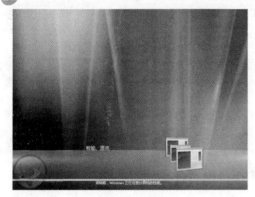

图 1-36　检测系统性能

图 1-37　完成安装

1.6　安装 Office 2007

用办公软件进行办公，首先要在电脑中安装好办公软件。这里以安装 Office 2007 为例来介绍办公软件的安装，具体操作步骤如下。

㉚ 将 Office 2007 安装光盘放到光驱中后，系统会自动运行 Office 2007 安装向导，如图 1-38 所示。

提示

如果系统没有自动运行光盘，可以在"我的电脑"窗口中双击光驱图标，然后在打开的窗口中双击"Setup.exe"文件，运行 Office 2007 安装向导。

图 1-38　"Office 2007 安装向导"对话框

02 进入"输入您的产品密钥"界面，在该界面中输入 Office 2007 产品密钥，然后单击"继续"按钮，如图 1-39 所示。

03 进入"选择所需的安装"界面，在该界面中单击"立即安装"按钮，如图 1-40 所示。

图 1-39　"输入您的产品密钥"对话框

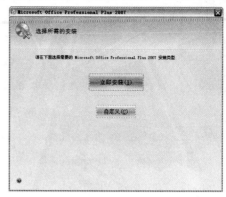

图 1-40　选择所需的安装

04 单击"立即安装"按钮后，系统开始安装 Office 2007，如图 1-41 所示。

05 大约 10 分钟后安装完毕，单击"关闭"按钮，这样就将 Office 2007 安装到用户的电脑中了，如图 1-42 所示。

图 1-41　开始安装

图 1-42　完成安装

 1.7　巩固与练习

　　本章引导读者认识了电脑办公自动化，并对办公硬件和办公软件进行了详细的介绍，最后讲解了 Windows Vista 的具体安装方法。学习完本章后，读者应该对办公自动化有大概的了解，并做好办公前的准备工作。

● 动手安装中小企业专用的 Windows Vista 商用版

01 购买正版 Windows Vista 商用版。

02 把光驱设置为启动优先，将系统安装盘放入光驱进行安装。

03 对磁盘进行分区，至少要预留 15GB 的空间来安装 Windows Vista，并且系统分区必须为 NTFS 结构。

04 安装的过程中需要输入产品密钥，并且电脑会有几次自动的重新启动。

05 安装完成后需要设置用户账户和桌面背景，并配置安全环境。

第 **1** 天

Chapter
Windows Vista
的基本操作

02

>> 学习内容

2.1 进入 Windows Vista 操作系统

2.2 Windows Vista 窗口操作

2.3 任务栏、开始菜单与图标设置

2.4 Windows Vista 边栏

2.5 启动与退出应用程序

>> 学习重点

- 登录 Windows Vista
- 添加多个登录账户
- 切换登录账户
- 注销登录账户
- 任务栏的基本操作
- 设置开始菜单
- 图标的管理
- 什么是 Windows Vista 边栏
- 小工具的使用

>> 精彩实例效果展示

◀ 登录界面

◀ 小工具

◀ 游戏程序

2.1 进入 Windows Vista 操作系统

安装完 Windows Vista 操作系统后，我们就可以进入 Windows Vista 的操作界面了。下面对如何进入 Windows Vista 的操作界面以及对界面元素的操作进行讲解。

2.1.1 登录 Windows Vista

开机后，Windows Vista 会对电脑进行一系列的检测，完成系统自检后，自动进入 Windows Vista 登录界面。

Windows Vista 是一个多用户的操作系统，允许多个用户同时登录 Windows Vista，但在任何时候都只能有一个用户在前台与 Windows Vista 交互，其他用户的任务只能是在后台，以不需要与用户交互的方式进行。因此，启动 Windows Vista，当进入到如图 2-1 所示的界面时，用户需要在其中选择所需要的账户，然后输入账户密码，接着单击"登录"按钮，进入到 Windows Vista 桌面。

图 2-1　登录界面

2.1.2 认识桌面

桌面是打开电脑并登录到 Windows 之后看到的主屏幕区域。就像实际的办公桌面一样，它是用户工作的平面。打开程序或文件夹时，它们便会出现在桌面上。Windows Vista 桌面主要由桌面图标、桌面背景和任务栏 3 部分组成，如图 2-2 所示。

图 2-2　Windows Vista 桌面

1. 桌面图标

图标是代表文件、文件夹、程序和其他项目的小图片。双击桌面图标会启动或打开它所代表的项目，一般常用系统组件图标作用如下。

- "计算机"图标：用于管理用户的电脑资源，包括磁盘、文件夹及文件等。
- "文档"图标：用于存储用户编辑的文档文件。
- "Internet Explorer"图标：也称为 IE 浏览器，用来打开和查找 Internet 上的网页。
- "回收站"图标：用于暂时放置被用户删除的文件或文件夹。

当桌面的图标特别多的时候，桌面就会显得非常杂乱，让用户不容易找到需要的程序或文件夹，我们可以将图标按一定的方式进行排列，使桌面图标整齐有序。

排列桌面图标的操作方法是：在桌面空白处右击，在弹出的快捷菜单中将鼠标指向"排列方式"命令，展开下级菜单，然后选择对应的排列选项即可，如图 2-3 所示。

图 2-3　为图标排序

1st Day

2nd Day

3rd Day

4th Day

5th Day

6th Day

7th Day

2. "开始"菜单

"开始"菜单按钮 位于屏幕的左下角，单击该按钮就可以打开"开始"菜单，"开始"菜单用于启动应用程序或打开相应的窗口，打开的"开始"菜单效果如图 2-4 所示。

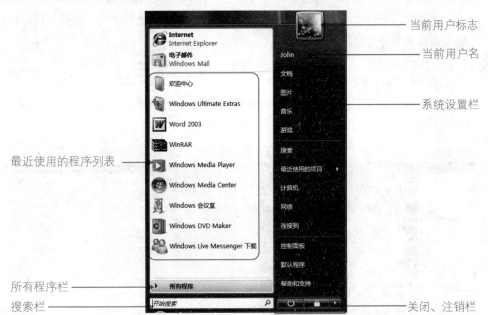

图 2-4　"开始"菜单

"开始"菜单一般包含了以下几个部分。

- 最近使用的程序列表：单击相应的选项便能启动最近使用过的程序。
- 系统设置栏：选择"控制面板"命令，可以打开控制面板进行系统设置；选择"打印机和传真"命令,可以添加和设置打印机及传真等。

- 所有程序栏:单击▶图标,可弹出"所有程序"子菜单,主要用于启动各种应用程序。
- 搜索栏:可进行获取帮助、搜索文件、运行程序等操作。
- 关闭、注销栏:用于注销当前用户、关闭、重新启动等操作。

3. 任务栏

任务栏是位于屏幕底部的水平长条,与桌面不同的是,桌面可以被窗口覆盖,而任务栏几乎始终可见,如图 2-5 所示。

图 2-5　任务栏

任务栏组成部分的介绍如下。

- "开始"菜单按钮:"开始"菜单按钮位于任务栏的最左侧,它的作用是显示"开始"菜单,Windows Vista 的几乎所有操作都通过"开始"菜单来进行。
- 快速启动栏:快速启动栏位于开始按钮的右侧,用于存放快速启动按钮,单击该区域的按钮,会快速启动相关联的应用程序。全新安装 Windows Vista 后,系统默认排列着 3 个图标按钮,用来快速启动媒体播放器、Internet Explorer 浏览器和显示桌面。
- 当前打开窗口图标:在中文 Windows Vista 中,用户可以打开多个窗口,一般情况下只有一个当前窗口在前台运行,并且前台窗口界面可能会盖住其他程序界面。
- 系统通知区:中文 Windows Vista 的通知区位于任务栏的右侧,默认项目包括时钟指示、输入法指示和音量控制指示。

2.1.3　添加多个登录账户

在 Windows Vista 中,可以添加多个用户账户,具体的操作步骤如下。

01 单击打开"开始"菜单选择"控制面板"命令,打开"控制面板"窗口,如图 2-6 所示。

02 在"控制面板"窗口中单击"用户帐户"选项,打开"用户帐户"窗口,如图 2-7 所示。

图 2-6　执行打开"控制面板"命令

图 2-7　"控制面板"窗口

03 在"用户帐户"窗口中单击"添加或删除用户帐户"选项,打开"管理帐户"窗口,在该窗口中单击"创建一个新帐户"选项,如图 2-8 所示。

04 随后打开"创建新帐户"窗口，在新账户名栏中输入新账户名称，并选择账户类型，然后单击"创建用户"按钮，开始创建用户账户，如图 2-9 所示。

图 2-8　单击"创建一个新帐户"选项

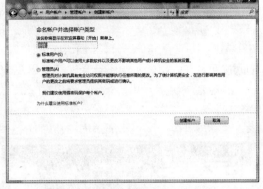

图 2-9　"创建用户帐户"对话框

我们可以为创建好的用户账户设置密码，这样可以防止别人随便使用你的电脑，操作步骤如下。

01 在"管理帐户"窗口中单击选择需要设置密码的账户，这里选择"游客"，如图 2-10 所示。

02 进入"更改游客的帐户"窗口，在该窗口中单击"创建密码"按钮，进入"创建密码"窗口，如图 2-11 所示。

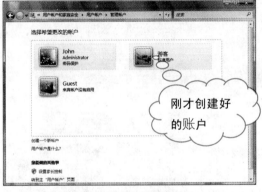

图 2-10　选择账户

图 2-11　单击"创建密码"按钮

03 在"创建密码"窗口中的"新密码"栏中输入密码，接着在"确认新密码"栏中再输入一次密码，如果担心忘记密码，可以设置密码提示，在"键入密码提示"栏中输入提示语言，比如"我的生日"，最后单击"创建密码"按钮开始创建密码，如图 2-12 所示。

图 2-12　创建密码

1st Day

2nd Day

3rd Day

4th Day

5th Day

6th Day

7th Day

2.1.4 切换登录账户

在 Windows Vista 中，我们可以在几个 Windows Vista 的用户之间任意切换。切换登录账户的操作步骤如下。

01 单击屏幕左下角的"开始"菜单按钮打开"开始"菜单，然后单击 按钮组右侧的 按钮，在弹出的菜单中选择"切换用户"命令，如图 2-13 所示。

02 随后系统切换到 Windows Vista 的登录界面，单击选择需要切换的用户名称，然后输入用户密码，单击"登录"按钮进入系统。如果未对切换的用户设置密码，则在单击该用户名称后，将直接登录进入到该用户的桌面，如图 2-14 所示。

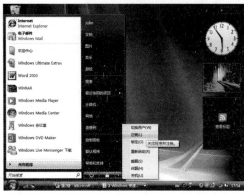

图 2-13 单击"切换用户"按钮

图 2-14 选择账户

2.1.5 注销登录账户

在 Windows Vista 中退出一个已经登录的用户然后重新进入系统的操作称为注销，注销用户操作与切换用户的操作类似。注销用户的操作步骤如下。

01 单击屏幕左下角的"开始"菜单按钮打开"开始菜单"，然后单击 按钮组右侧的 按钮，在弹出的菜单中选择"注销"命令，系统开始注销用户，如图 2-15 所示。

02 注销操作完成后，将出现 Windows Vista 开机时的登录界面，用户可以在该界面中选择新的用户账户登录。

图 2-15 正在注销

2.2 Windows Vista 窗口操作

窗口是 Windows 操作界面中最重要的部分。它是屏幕上与一个应用程序相对应的矩形区域，是用户与产生该窗口的应用程序之间的可视界面。每当用户开始运行一个应用程序时，应用程序就创建并显示一个窗口；当用户操作窗口中的对象时，程序会作出相应反应。

2.2.1　窗口的组成

虽然每个窗口的内容各不相同，但所有窗口都共享一些通用的东西。一方面，窗口始终显示在桌面上；另一方面，大多数窗口都具有相同的基本部分。下面以打开的"示例图片"窗口为例，介绍窗口的基本组成，如图 2-16 所示。

图 2-16　"示例图片"窗口

1st Day

2nd Day

3rd Day

4th Day

5th Day

6th Day

7th Day

Windows Vista 中有各种不同的窗口，但大部分窗口都包括标题栏、菜单栏、工具栏、工作区域等共同元素。

- 控制按钮：位于窗口的最上部右边，有"最小化"、"最大化"（或"向下还原"）和"关闭"3 个按钮。
- 地址栏：位于窗口最上方，用于指定文件的路径和搜索文件。由"前进"、"后退" 2 个按钮以及地址栏和搜索栏组成。
- 工具栏：位于地址栏的下方，提供各种可用的操作。包括"组织"、"视图"、"系统属性"、"卸载或更改程序"、"映谢网络驱动器"以及"打开控制面板"等选项。
- 工作区域：在窗口中所占的比例最大，是用户进行工作的地方，用于显示应用程序界面或文件的全部内容。

2.2.2　Windows Vista 单窗口操作

Windows Vista 中单窗口的操作包括窗口大小的改变与位置移动。

1．更改窗口大小

窗口的最大化、最小化和关闭操作都可以通过窗口右上角的控制按钮来实现。单击"最小化"按钮 ，窗口缩小到任务栏中；单击"最大化"按钮 ，窗口充满整个屏幕，窗口边框消失，按钮变为"还原"按钮 ；单击"关闭"按钮 ，系统将会关闭窗口，如图 2-17 所示。

用户可以用鼠标拖动窗口边框来任意调整窗口大小，将鼠标指针指向窗口的边框，鼠标指针会变成左右或上下箭头，此时按住鼠标左键拖动至适当的位置松开左键即可改变窗口大小，如图2-18所示的即为调整窗口的宽度。

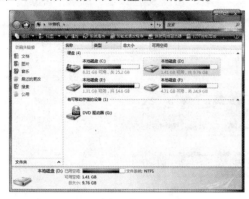

图2-17 通过窗口控制按钮控制窗口

按住鼠标左键不放拖动

图2-18 调整窗口大小

2．移动窗口

移动窗口就是将窗口从屏幕上的一个位置移动到另一个位置。若要移动窗口，可用鼠标指针指向需要移动窗口的标题栏，然后按住鼠标左键不放将窗口拖动到目标位置即可。

2.2.3 Windows Vista 多窗口操作

我们在使用电脑进行办公时，通常需要打开多个窗口，这样就涉及到在几个窗口之间进行切换控制等操作。

1．切换活动窗口

桌面上可以同时打开多个窗口，但是最多只有一个窗口可以被使用。当前可以被使用的窗口称为活动窗口。用户需要使用某一个窗口时，必须先将该窗口激活为活动窗口。激活窗口非常简单，只需用鼠标指向要使用的窗口范围内单击鼠标，被单击的窗口即成为活动窗口。默认情况下，活动窗口的标题栏颜色为蓝色。

> **提示**
>
> 我们也可以使用 Alt+Tab 组合键进行窗口间的切换操作。按下该组合键后，屏幕上会出现任务切换栏，系统当前打开的所有窗口都以图标形式排列出来，文本框中的文字显示当前启用程序的简短说明。

在任务栏上单击代表窗口的图标按钮也可激活窗口，通过依次单击鼠标完成窗口间的切换操作。

2．排列窗口

有时为了对照多个窗口中的内容，可将几个窗口按一定方式进行排列，这样就可以同时查看多个窗口中的内容，方便用户管理和编辑。排列窗口的具体操作步骤如下。

01 在任务栏空白区域上右击，在弹出的快捷菜单中选择窗口排列方式，如图 **2-19** 所示。

02 选择层叠显示窗口后的效果，如图 **2-20** 所示。

图 2-19　选择窗口排列方式

图 2-20　层叠窗口效果

1st Day

2nd Day

3rd Day

4th Day

5th Day

6th Day

7th Day

　　窗口排列方式有层叠窗口、横向平铺窗口和纵向平铺窗口 3 种，用户可以根据实际情况需要选择合适的排列方式。

 ## 2.3　任务栏、开始菜单与图标设置

　　任务栏和"开始"菜单在 Windows Vista 操作系统中占有重要的位置，用户可以通过它们执行打开应用程序、查看电脑中保存的文档以及切换窗口等操作。

2.3.1　任务栏的基本操作

　　任务栏是用户需要经常使用的，比如进行切换窗口、查看系统时间、日期等操作，所以我们需要掌握任务栏的基本操作。

1．调整任务栏的位置

　　一般情况下，任务栏都放置在屏幕底端。用户也可以改变任务栏的位置。将鼠标指针指向任务栏的空白处，按住左键不放向屏幕的上、下、左、右边缘进行拖动即可。但是在 Windows Vista 系统的默认状态下，任务栏是被锁定在屏幕的底端，当任务栏被锁定后是无法直接改变它的位置的，必须解除任务栏的锁定属性。解除方法为：将鼠标指针指向任务栏的空白处后右击，在弹出的快捷菜单中单击取消"锁定任务栏"命令前的"√"标记。

2．调整任务栏的大小

　　根据个人的使用习惯，可以对任务栏的大小进行调整。调整任务栏大小的方法是：鼠标指针指向任务栏的上边界，指针变成上下箭头时，按住左键向上进行拖动至合适的位置后松开左键，如图 2-21 所示。

图 2-21　拖动鼠标指针改变任务栏大小

3. 自动隐藏任务栏

通过自动隐藏任务栏可以使电脑屏幕区域变宽，这样可以显示更多的内容，自动隐藏任务栏的具体操作步骤如下。

01 在任务栏中的空白处右击，然后在弹出的快捷菜单中选择"属性"命令，打开"任务栏和「开始」菜单属性"对话框，如图 2-22 所示。

02 在"任务栏和「开始」菜单属性"对话框中单击"自动隐藏任务栏"复选框，然后单击"确定"按钮即可，如图 2-23 所示。

图 2-22　选择"属性"命令　　　　　　图 2-23　选中"自动隐藏任务栏"复选框

设置完成后，任务栏将从桌面下方消失，当用户将鼠标指针移到任务栏所在的区域后，任务栏又从屏幕下方升起来。

如果需要取消任务栏的自动隐藏功能，在"任务栏和「开始」菜单属性"对话框中取消选择"自动隐藏任务"复选框即可。

2.3.2　设置开始菜单

在 Windows Vista 中，除了新安装系统后看到的系统默认的「开始」菜单样式外，还提供了传统「开始」菜单。

1. 设置传统「开始」菜单

切换到传统「开始」菜单的操作步骤如下。

01 在"任务栏"的空白处右击，在弹出的快捷菜单中选择"属性"命令，打开"任务栏和「开始」菜单属性"对话框。

02 单击"「开始」菜单"选项卡，切换到「开始」菜单选项卡界面，然后单击选中"传统「开始」菜单"选项，最后单击"应用"按钮即可，如图 2-24 所示。

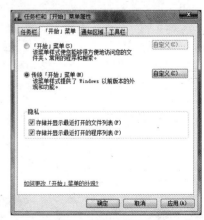

图 2-24　选择菜单类型

单击"开始"菜单按钮 打开"开始"菜单，可以发现 Windows Vista 默认的"开始"菜单，如图 2-25 所示，已经更改为传统"开始"菜单，如图 2-26 所示。

图 2-25　Windows Vista 默认的"开始"菜单　　　　图 2-26　传统"开始"菜单

2．自定义设置"开始"菜单

Windows Vista 操作系统允许用户根据自己的爱好和需要，自定义"开始"菜单。

（1）更改"开始"菜单图标大小

更改开始菜单中图标大小的具体操作步骤如下。

01 打开"任务栏和「开始」菜单属性"对话框，然后单击"「开始」菜单"选项卡。切换到"「开始」菜单"选项卡界面，单击选中"「开始」菜单"选项，接着单击"自定义"按钮，打开"自定义「开始」菜单"对话框，如图 2-27 所示。

02 在该对话框中勾选"使用大图标"复选框，然后单击"确定"按钮即可，如图 2-28 所示。

（2）设置子菜单的弹出方式

打开"自定义「开始」菜单"对话框，接着勾选"使用鼠标指针在菜单上暂停时打开子菜单"复选框，然后单击"确定"按钮即可，如图 2-29 所示。

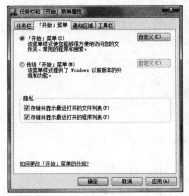

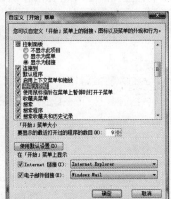

图 2-27　单击"自定义"按钮　图 2-28　勾选"使用大图标"复选框　图 2-29　选择需要的选项

完成前面的操作后，当鼠标指针指向有子菜单的命令行时，将会自动展开其子菜单。如果取消选择该复选框，则将鼠标指针指向有子菜单的命令行时，需要单击才能够展开其子菜单。

1st Day

2nd Day

3rd Day

4th Day

5th Day

6th Day

7th Day

2.3.3 图标的管理

不管是在桌面上，还是在各个系统组件窗口中都有很多图标。用户在查看这些图标内容时，可以根据需要改变它们的显示方式或排列顺序。

1. 创建快捷图标

如果想要从桌面上轻松访问文件或程序，可创建它们的快捷方式。快捷方式是一个表示与某个项目链接的图标，而不是项目本身。双击快捷方式便可以打开该项目。如果删除快捷方式，则只会删除这个快捷方式，而不会删除原始项目。我们可以通过图标左下方有无↗记号来判断其是否为快捷方式。

在桌面添加快捷方式图标的操作非常简单，下面以在桌面创建 Word 2003 程序的快捷图标为例来为大家介绍创建快捷图标的方法。

01 单击"开始"菜单按钮📶打开"开始"菜单，然后选择"所有程序"选项，在打开的程序栏中单击选中"Microsoft Office"项展开下级菜单，在"Word 2003"选项上右击，在弹出的菜单中选择"发送到"选项，然后在弹出的菜单中选择"桌面快捷方式"选项，如图2-30 所示。

02 返回桌面，可以看见已经在桌面上创建了一个 Word 2003 程序的快捷图标，如图 2-31 所示。

图 2-30　单击"创建快捷方式"命令

图 2-31　创建的快捷图标

对某个对象创建快捷方式时，还可以在窗口中单击选中该对象，然后按住鼠标右键不放拖动对象到桌面，然后松开右键，此时会弹出一个快捷菜单，在该快捷菜单中单击选择"在当前位置创建快捷方式"命令即可。

2. 排列图标的顺序

打开 Windows 系统组件窗口时，可以看见在窗口中有很多杂乱无章的图标。用户可根据自己操作需要，按不同的方式来排列图标顺序，以方便管理图标。下面以排列 E 盘中的图标为例介绍排列图标的方法，具体操作步骤如下。

01 双击桌面的上"计算机"图标📇，打开"计算机"窗口，接着双击"本地磁盘（E：）"图标打开 E 盘，在 E 盘窗口的空白处右击，在弹出的快捷菜单中选择"排列方式"选项，在打开的下级菜单中选择一种排列方式，如图 2-32 所示。

02 返回 E 盘窗口，可以看见图标按照选择的排列方式重新进行排列了，如图 2-33 所示。

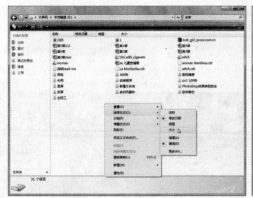

图 2-32　选择排列方式　　　　　图 2-33　排列图标后的效果

Windows Vita 默认提供了 5 种排序方式，分别是名称、修改日期、类型、大小和标记。排列规则有递增和递减两种。如果用户需要按照其他的排序方式进行排列，可以在排列发生菜单中选择"更多"选项，然后在打开的"选择详细信息"对话框中选择更多的排序方式。

3．改变图标的显示方式

为了更加方便地查阅窗口中各图标对象的相关属性，用户可以按不同的外观样式来显示图标。Windows Vista 提供了平铺、图标、列表、详细信息等显示方式。下面以"示例图片"文档窗口中的图标为例来介绍改变图片显示方式的操作方法，具体操作步骤如下。

01 打开"示例图片"文档窗口，在该窗口编辑区的空白处右击，然后在弹出的菜单中选择"查看"选项，在随后弹出的快捷菜单中选择"大图标"选项，如图 2-34 所示。

02 确认选择返回文档窗口，可以看见窗口编辑区中的图标已经改变了显示方式，这样不需要打开就能够浏览图片了，如图 2-35 所示。

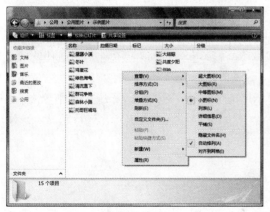

图 2-34　选择"大图标"选项　　　　　图 2-35　以"大图标"显示

4．隐藏桌面图标

　　如果想要临时隐藏所有的桌面图标，而实际上并不删除它们，可以按照下面的步骤来实现。

01 在桌面上的空白部分右击，在弹出的菜单中选择"查看"选项，然后单击"显示桌面图标"将该选项的复选标记清除，如图 2-36 所示。

02 返回桌面，可以看见桌面上没有显示任何图标，如图 2-37 所示。如果需要显示桌面图标可以通过再次单击"显示桌面图标"来显示图标。

图 2-36　清除"显示桌面图标"的复选标记　　　　图 2-37　隐藏图标后的桌面

2.4　Windows Vista 边栏

　　Windows Vista 边栏是在桌面边缘显示的一个垂直长条，边栏中包含称为"小工具"的小程序，这些小程序可以提供即时信息以及可轻松访问常用工具。例如，使用小工具显示图片幻灯片、查看不断更新的标题或查找联系人。

2.4.1　什么是 Windows Vista 边栏

　　Windows Vista 边栏可以保留信息和工具，供用户随时使用。例如，可以在打开程序的旁边显示新闻标题。这样，如果用户要在工作时跟踪发生的新闻事件，则无须停止当前工作就可以切换到新闻网站。

　　使用边栏时，用户可以使用源标题小工具显示所选资源中最近的新闻标题。而且不必停止处理文档，因为标题始终可见。如果我们从外部看到感兴趣的标题，则可以单击该标题，Web 浏览器就会直接打开其内容。

2.4.2　小工具的使用

　　Windows Vista 边栏包含一个小型的小工具集，但系统默认情况下，边栏上只出现 3 个小工具，分别是时钟、幻灯片和源标题。

1．添加小工具

　　Windows Vista 提供的小工具很多，用户可以按照自己的需求在边栏添加小工具，具体操作步骤如下。

01 单击边栏顶端 <u>　　　</u> 按钮组中的 <u>　</u> 按钮，打开小工具列表窗口，如图 2-38 所示。

02 在该窗口中使用鼠标双击需要使用的小工具图标，然后单击小工具列表窗口右上角的"关闭"按钮关闭窗口，这样就在边栏中添加好了需要的小工具，如图 2-39 所示。

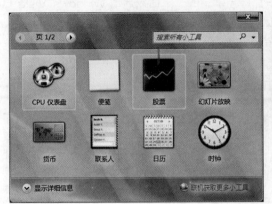

图 2-38　小工具列表窗口　　　　　　图 2-39　添加小工具后的效果

2．删除小工具

Windows Vista 边栏的空间是有限的，当里面的小工具添加过多，影响到其他小工具的使用时，就需要删除不常使用的小工具，下面以关闭"图片拼图板"小工具为例为大家介绍删除小工具的方法，具体操作步骤如下。

01 将鼠标指向"图片拼图板"小工具，这时在其右上角附近会出现两个按钮，"关闭"按钮 ✖ 和"选项"按钮 🔧，如图 2-40 所示。

02 单击"关闭"按钮就可以将"图片拼图板"小工具从边栏中删除，删除"图片拼图板"小工具后的边栏效果如图 2-41 所示。

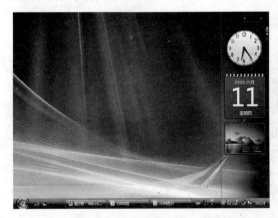
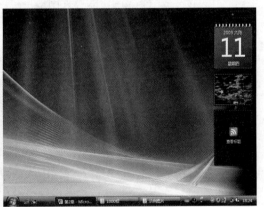

图 2-40　指向"图片拼图板"小工具　　　　图 2-41　删除后的效果

🕐 2.5　启动与退出应用程序

用户在使用电脑进行办公或者玩游戏时，都需要使用应用程序，也就是软件。要使用应用

1st Day

2nd Day

3rd Day

4th Day

5th Day

6th Day

7th Day

程序首先要掌握最基本的操作——程序的启动和退出。

2.5.1 启动应用程序

通过"开始"菜单启动应用程序是每个用户都应当掌握的。下面以启动 Windows Vista 自带的游戏为例，讲解启动应用程序的方法，具体操作步骤如下。

01 单击"开始"菜单按钮 打开"开始"菜单，然后选择"所有程序"命令，在打开的程序菜单中选择"游戏"选项，展开其级联菜单，如图 2-42 所示。

02 选择"Chess Titans"选项，打开 Chess Titans 程序，如图 2-43 所示。

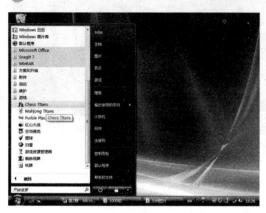

图 2-42　展开其级联菜单

图 2-43　打开的 Chess Titans 程序

2.5.2 退出应用程序

使用完应用程序以后，需要退出应用程序。退出应用程序的方法很简单，单击程序窗口右上角的"关闭"按钮 **X** ，即可关闭应用程序。

2.6　巩固与练习

本章主要介绍了 Windows Vista 的桌面操作、窗口操作、任务栏设置、开始菜单与图标的设置，以及应用程序启动和退出的方法。学习完本章后，读者会对 Windows Vista 操作系统有一个初步的了解，并可以进行一些简单的操作。

● 设置桌面图标

01 在桌面空白处右击，接着在弹出的快捷菜单中选择"个性化"命令。

02 在弹出的"个性化"窗口中选择"个性化外观和声音"选项。

03 在"桌面图标设置"对话框中勾选需要在桌面上显示的图标。

● 设置开始菜单

01 右击"开始"按钮，然后在弹出的快捷菜单中选择"属性"选项。

02 在弹出的对话框中单击"自定义"按钮，打开"开始菜单属性"窗口。

03 勾选"打印机"复选框，在开始菜单中增加"打印机"链接。

第 1 天

Chapter

使用文件及文件夹 ▋▋

03

7 天学会电脑办公

▶▶ 学习内容

3.1 文件和文件夹的概念
3.2 整理文件和文件夹的方式
3.3 文件夹的组成部分
3.4 查找文件
3.5 复制和移动文件和文件夹
3.6 创建和删除文件

▶▶ 学习重点

● 什么是文件
● 什么是文件夹
● 打开个人文件夹
● 创建文件夹

▶▶ 精彩实例效果展示

◀ 文件夹的
组成部分

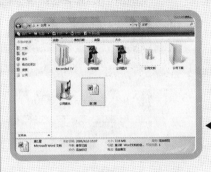

◀ 搜索文件

◀ 删除文件

3.1 文件和文件夹的概念

用户在使用 Windows Vista 操作系统的时候，经常接触的就是文件和文件夹，下面为人家介绍文件和文件夹。

3.1.1 什么是文件

在日常生活中，文件类似于在桌面上或文件柜中看到的打印文档，它包含了相关信息的集合。在电脑中，文本文档、电子表格、图片，甚至歌曲都属于文件。例如，使用数码照相机拍摄的每张照片都是一个单独的文件，音乐 CD 可能包含若干单个歌曲文件。

电脑使用图标表示文件，通过查看文件图标，可以查看文件的种类。下面是一些常见文件图标，如图 3-1 所示。

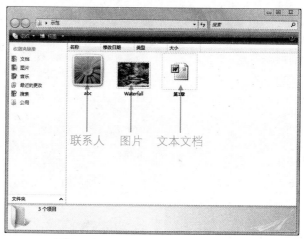

图 3-1 查看文件类型

在 Windows Vista 中管理文件是依据文件的名称进行的。用户在管理自己的文件时，也需要用文件的名称来辨别文件。文件的名称由文件名和扩展名两部分组成。如 **mybook.doc**，它由文件名"mybook"和扩展名"doc"组成，中间用符号"."分隔。

文件名可以更改，但要遵循一定的命名规则，在 Windows Vista 中，支持以汉字来命名，如"蓝色火焰.doc"。考虑到与其他系统的兼容性，文件名最好不要设置过长。

文件名可由 1~256 个大小写英文字符或 1~128 个汉字组成，总长度不超过 256 个字节。文件名中可以使用空格，但是不能出现如"、"、"？"、"*"、"\"、"<"、">"、"/"等符号。如下表所示列出了常见的文件扩展名。

扩展名表示该文件的类型，从而决定了可使用此类文件的应用程序（如下表所示列出常见的文件扩展名）。在同一磁盘或文件夹中不能出现同类型且文件名相同的文件或文件夹。

文件扩展名	含义	可使用此类文件的应用程序
.txt	文本文件	具有文字编辑功能的程序
.doc	Word 文档	Microsoft Word
.xls	电子表格文档	Microsoft Excel

（续表）

文件扩展名	含义	可使用此类文件的应用程序
.ppt	文稿演示文档	Microsoft PowerPoint
.eml	电子邮件文件	Outlook Express 或其他邮件软件
.tif/.bmp	图形文件	PhotoShop "画图"等支持图形显示和编辑的程序
.ico	图标文件	系统程序或 ACD See
.exe/.com	可执行文件	系统文件或应用程序
.avi	语音文件	多媒体应用程序
.zip	压缩文件	WinZip 和 Win RAR 等压缩程序
.dll	动态链接文件	系统文件

1st Day

2nd Day

3rd Day

4th Day

5th Day

6th Day

7th Day

3.1.2 什么是文件夹

文件夹同容器一样，可以在其中存储文件。如果在桌面上放置数以千计的纸质文件，并在需要时查看某个特定文件事实上是不可能的，这也是人们时常把纸质文件存储在文件柜中的文件夹中的原因。因此将文件安排到合乎逻辑的组中可以方便查找任一特定文件。

电脑上文件夹的作用与此完全相同，典型的文件夹图标如图 3-2 所示。

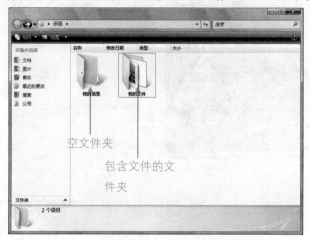

图 3-2 文件夹图标

文件夹不仅可以容纳文件，而且可以容纳其他文件夹。文件夹中包含的文件夹通常称为子文件夹。可以创建任何数量的子文件夹，每个子文件夹中又可以容纳任何数量的文件和其他子文件夹。

 ## 3.2 整理文件和文件夹的方式

用户在整理文件时，无须从头开始。Windows Vista 提供了几个常见文件夹，可以在此基础上整理文件。下面是部分常见文件夹的列表，可将文件和文件夹存储在这些文件夹中。

● 文档：使用此文件夹存储字处理文件、电子表格、演示文稿及其他方面的文件。

- 图片：使用此文件夹存储所有数字图片，图片可从照相机、扫描仪或者从其他人的电子邮件中获取。
- 音乐：使用此文件夹存储所有数字音乐文件，如从音频 CD 复制或从 Internet 下载的歌曲。
- 视频：使用此文件夹存储视频文件，例如取自数码照相机、摄像机的剪辑，或者从 Internet 下载的视频文件。
- 下载：使用此文件夹存储从 Web 下载的文件和程序。

3.2.1 打开个人文件夹

我们可以使用多种方式查找文件夹，最方便的方法是使用个人文件夹，将所有常见文件夹收集在同一位置。

个人文件夹实际上不称为"个人"，它是登录电脑所使用的用户名标记的。如果要将个人文件夹打开，可以单击"开始"按钮，然后单击"开始"菜单中右侧窗格顶部的用户自己的用户名，如图 3-3 所示，这样就可以打开个人文件夹了，如图 3-4 所示。

在"开始"菜单中还可以找到"文档"、"图片"和"音乐"文件夹，它们都位于个人文件夹之下。

图 3-3　单击用户名

图 3-4　打开的个人文件夹

3.2.2 创建文件夹

用户可以在所有这些文件夹中存储文件或者创建子文件夹，这样能够更好地整理文件。例如，在"图片"文件夹中，可以通过创建子文件夹来按照日期、事件、图片中人名或其他方案整理图片，有助于提高工作效率。创建文件夹的具体操作步骤如下。

01 打开"图片"文件夹，然后在该文件夹的空白区域处右击，在弹出的菜单中选择"新建"命令，接着在弹出的菜单中选择"文件夹"选项，如图 3-5 所示。

02 选择以后就在"图片"文件夹建立了一个名为"新文件夹"的文件夹，这时文件夹的文件名处于可编辑状态，此时可以为建的文件夹输入名

> **提示**
>
> 在"新建"命令中可以选择其他的类型，比如图片、联系人、Word 文档和公文包等，建立不同类型的对象。

称，这里输入"九寨沟旅游图片"，这样就建立好了一个空文件夹，如图 3-6 所示。

1st Day

2nd Day

3rd Day

4th Day

5th Day

6th Day

7th Day

图 3-5　选择"文件夹"选项　　　　图 3-6　新建的文件夹

3.3　文件夹的组成部分

如果在桌面上打开文件夹，会显示文件夹窗口。除了显示文件夹内容外，文件夹窗口还包含各个部分，以帮助用户查看 Windows 或更加方便地使用文件和文件夹。一个典型的文件夹及其组成部分如图 3-7 所示。

图 3-7　文件夹的组成部分

文件夹各部分的主要用途如下。

- 地址栏：使用地址栏导航到不同的文件夹，无须关闭当前文件夹窗口。
- "后退"和"前进"按钮：使用"后退"和"前进"按钮导航到已经打开的其他文件夹，无须关闭当前窗口。这些按钮可与地址栏配合使用，例如，使用地址栏更改文件夹后，可以使用"后退"按钮返回到原来的文件夹。
- 搜索框：在搜索框中键入词或短语可查找当前文件夹中存储的文件或子文件夹。一开始键入内容，搜索就开始了。例如，当键入 B 时，所有以字母 B 开头的文件将显示在文件夹的文件列表中。

- 工具栏：可以使用工具栏执行常见任务，如更改文件和文件夹的外观、将文件复制到 CD 或启动数字图片的幻灯片放映。工具栏的按钮可更改为仅显示有用的命令。例如，如果单击图片文件，则工具栏显示的按钮与单击音乐文件时不同。
- "导航"窗格：与地址栏一样，"导航"窗格允许将当前视图更改为其他文件夹的视图。收藏夹链接部分使得更易于更改为常见文件夹或启动以前保存的搜索。如果用户常进入同一个文件夹，则可将其拖入"导航"窗格，使其成为用户自己的收藏夹链接的一部分。
- "文件"列表：此为显示当前文件夹内容的位置。如果您通过在搜索栏中键入内容来查找文件，则仅显示与搜索相匹配的文件。
- 列标题：使用列标题可以更改文件列表中文件的整理方式。可以排序、分组或堆叠当前视图中的文件。
- "详细信息"窗格："详细信息"窗格显示与所选文件关联的最常见属性。例如，文件属性是关于文件的信息，如作者、上一次更改文件的日期，以及可能已添加到文件的所有描述性标记。
- "预览"窗格：使用"预览"窗格可查看多种文件的内容。例如，如电子邮件、文本文件或图片，无须在程序中打开即可查看内容。默认情况下，在大多数文件夹中不显示"预览"窗格。若要查看此窗格，请单击工具栏上的"整理"按钮，再单击"布局"，然后单击"预览窗格"即可。

3.4 查找文件

需要使用特定文件时，往往需要知道它位于文件夹中的具体位置。在实际查找时可能意味着要浏览数百个文件夹和子文件夹，为了省时省力，可以使用搜索框查找文件，具体操作步骤如下。

01 打开包含需要查找的文件的文件夹，单击搜索框将光标定位，接着键入文本，如图 3-8 所示。

02 按下键盘上的 Enter 键开始搜索符合条件的文件，并将搜索的结果显示在右边的窗格中，如图 3-9 所示。

图 3-8　键入文本

图 3-9　搜索结果

搜索将在当前文件夹及其所有子文件夹中进行，在搜索的时候如果搜索字词与文件的名称、标记或其他文件属性相匹配，则将文件作为搜索结果显示出来。如果搜索字词出现在文档中的文本中，则显示该文本的具体位置。

3.5　复制和移动文件和文件夹

在使用电脑进行办公的时候，有时需要更改文件在电脑中的存储位置。例如，需要将文件移动到其他文件夹或将其复制到可移动媒体（如 CD 或存储卡）以便与其他人共享。

复制和移动文件和文件夹最常见的方式是使用拖放方法，即选择一个或多个文件，然后拖动到其他位置。例如，将文件拖动到回收站即表示将其删除；将文件拖动到某个文件夹即表示将文件复制或移动到该位置，如图 3-10 所示。

1st Day

2nd Day

3rd Day

4th Day

5th Day

6th Day

7th Day

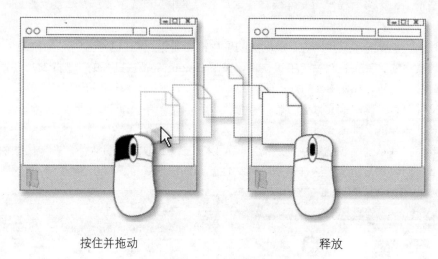

按住并拖动　　　　　　　　　　释放

图 3-10　拖放复制和移动文件

在拖放时可能注意到，有时是复制文件或文件夹，而有时是移动文件或文件夹。这是因为如果在同一个硬盘驱动器上的文件夹之间拖动某个项目，则是移动该项目，这样就不会在同一个硬盘驱动器上创建相同文件或文件夹的副本。如果将项目拖到其他硬盘驱动器上的文件夹或 CD 之类的可移动媒体中，则是复制该项目。使用这种方式不会从初始位置删除文件或文件夹。

3.6　创建和删除文件

创建新文件的常用方式是使用程序创建。例如，可以在文字处理程序中创建文本文档或者在视频编辑程序中创建电影文件。

有些程序打开时就能创建新文件。例如，打开写字板时，它使用空白页启动，这表示为空文件，然后就可以开始键入内容了，如图 3-11 所示。

准备保存文件时，单击菜单栏中的"文件"菜单，再选择"另存为"选项。在所显示的对话框中，键入文件名以便以后查找文件，然后单击"保存"按钮，如图 3-12 所示。

图 3-11　在空文件中输入文本　　　　　　　图 3-12　保存文件

　　默认情况下，大多数程序将文件保存在常见文件夹中，例如"文档"、"图片"和"音乐"文件夹，这便于再次查找文件。

　　当用户不再需要某个文件时，可以从电脑硬盘将其删除以节约硬盘空间。删除某个文件时，打开包含该文件的文件夹，然后选中该文件，按下 Delete 键，在打开的"删除文件"对话框中单击"是"按钮即可，如图 3-13 所示。

　　删除文件时，被删除的文件会被临时存放在"回收站"中。"回收站"可视为安全文件夹，它可恢复意外删除的文件或文件夹。

　　如果要将文件从"回收站"中彻底清空，可以右击"回收站"图标 ，在弹出的快捷菜单中选择"清空回收站"命令，这样被删除的文件就不能被恢复了，如图 3-14 所示。

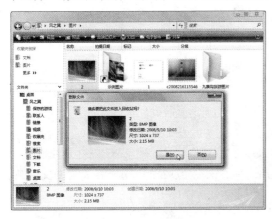

图 3-13　删除文件　　　　　　　　　　　图 3-14　清空回收站

3.7　巩固与练习

　　本章主要介绍了文件和文件夹的概念、文件和文件夹的整理方式以及文件和文件夹的一些基本操作。通过本章的学习，读者应该掌握如何管理文件和文件夹。

重新命名文件或文件夹

01 单击选中需要命名的文件或文件夹，然后鼠标指向文件名或文件夹名单击。

02 文件名以黑底白字的形式反显，表示可以编辑，输入新名称，然后按 Enter 键即可。

第 **2** 天

常用工具软件的使用

>> 学习重点

- 压缩文件
- 解压文件
- 查询单词
- 屏幕取词
- 刻录 CD 数据光盘
- 刻录 VCD 视频光盘
- 以缩略图方式浏览图片
- 以满屏浏览图片
- 批量调整图片大小
- 批量转换图片文件格式
- 将文本添加到图像中
- 设置定时收取邮件

>> 精彩实例效果展示

◀ Nero 7

◀ ACDSee

◀ Foxmail

7 天学会电脑办公

4.1 压缩软件——WinRAR

WinRAR 是现在广泛使用的一个强力压缩工具，几乎支持所有的压缩文件格式。下面向大家介绍该软件的主要功能与实用技巧。

4.1.1 压缩文件

将文件压缩后可以减小文件的大小，在以后需要使用的可通过反向操作——解压缩恢复原有大小，因此，进行存储或发送，有利于提高传输速率和存储效率。使用 WinRAR 压缩文件的具体操作步骤如下。

01 右击需要进行压缩的文件，然后在弹出的快捷菜单中选择"添加到压缩文件"选项，如图4-1 所示。

02 在打开的"压缩文件名和参数"对话框中单击"常规"选项卡，设置各种压缩参数，如图 4-2 所示。

图 4-1　选择"添加到压缩文件"选项

图 4-2　设置压缩参数

03 单击"高级"选项卡，接着单击"设置密码"按钮，打开"带密码压缩"对话框，在"输入密码"文本框中设置下次打开该压缩文件需要的密码，如图 4-3 所示。

04 单击"确定"按钮返回"压缩文件名和参数"对话框，在该对话框中单击"确定"按钮开始压缩文件，如图 4-4 所示。

图 4-3　输入密码

图 4-4　开始压缩文件

4.1.2　解压文件

从网上下载的软件基本上是压缩格式的文件，一般都是 ZIP 或者 RAR 格式的文件，使用 WinRAR 压缩/解压缩软件可以直接对它们进行解压缩，解压文件的具体操作步骤如下。

01 使用鼠标双击需要解压的文件，然后在打开的解压窗口单击"解压到"按钮，如图 4-5 所示。

02 随后打开"解压路径和选项"对话框，在该对话框中设置解压缩后的文件存放路径，然后单击"确定"按钮开始解压，如图 4-6 所示。

1st Day

2nd Day

3rd Day

4th Day

5th Day

6th Day

7th Day

　　　图 4-5　单击"解压到"按钮　　　　　　　　图 4-6　开始解压

4.1.3　修复受损的压缩文件

某些文件在压缩的过程中会出现压缩受损的情况，我们可以通过 WinRAR 提供的修复受损功能修复受损的压缩文件，具体操作步骤如下。

01 在 WinRAR 窗口中右击需要修复的文件，在弹出的快捷菜单中选择"修复压缩文件"选项，如图 4-7 所示。

02 随后弹出修复窗口，在该窗口中设置修复参数，完成后单击"确定"按钮开始修复文件，如图 4-8 所示。

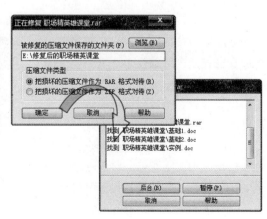

　　图 4-7　选择"修复压缩文件"选项　　　　　　　图 4-8　开始修复文件

4.2 翻译软件——金山词霸

金山词霸是一款多功能的电子词典类工具软件，可以即指即译，快速、准确地查询词汇。金山词霸的最新版本为"金山词霸 2009"，不过我们以更为常用的 2008 进行讲解该版本新增功能包括：开放网络查询，第一时间掌握流行词汇表达；70 万经典例句库，帮助你日常翻译；可支持 Windows Vista 操作系统。

4.2.1 查询单词

在日常办公中难免会遇到许多生僻的英文单词，或者想将某个中文词量翻译成英文，使用"金山词霸 2008"能够快速查出用户需要的翻译，具体的操作步骤如下。

01 启动"金山词霸 2008"，在输入栏中输入需要翻译的中文/单词，如图 4-9 所示。

02 单击"查询"按钮马上可以翻译出你输入的词语对应的中文/单词，在下面的窗格中可以查看到翻译后的详细信息，如图 4-10 所示。

图 4-9　输入查询的文字　　　　　　图 4-10　查看返回的结果

4.2.2 屏幕取词

当开始运行金山词霸时，软件会自动启动屏幕取词功能。我们只需要将鼠标的指针移动到屏幕任意位置处的单词上，停留片刻将出现浮动窗口，在浮动窗口中会显示该单词的词意解释，如图 4-11 所示。

金山词霸除了可以翻译英文单词外，还可以中英文互译。将鼠标指针放到中文文字上，在浮动窗口里一样可以显示出与该中文词相关的英文单词。

图 4-11　金山词霸用户词典对话框

4.3　屏幕截图软件——TechSmith SnagIt

TechSmith SnagIt 是一个非常优秀的屏幕、文本和视频捕获与转换程序。可以捕获屏幕、窗口、客户区窗口、最后一个激活的窗口，或用鼠标定义的区域。

捕获的图像可以存为 BMP、PCX、TIF、GIF 或 JPEG 格式，也可以存为系列动画。使用 JPEG 格式可以指定所需的压缩级(1%~99%)，也可以选择是否包括光标。另外还具有自动缩放、颜色减少、单色转换、抖动以及转换为灰度级等功能。

4.3.1　设置捕获热键

使用 TechSmith SnagIt 捕获对象之前，首先需要为捕获操作设置相应的热键，这样可以方便操作，而不用每次都去软件窗口中单击"捕获"按钮。设置捕获热键的具体操作步骤如下。

01 打开 TechSmith SnagIt 软件，在软件窗口中单击"工具"菜单，在弹出的菜单中选择"程序参数设置"选项，如图 4-12 所示。

02 随后打开"程序参数设置"对话框，在该对话框中的"全局捕获热键"选项组设置热键参数，例如 CTRL+P，然后单击"确定"按钮即可完成设置，如图 4-13 所示。

图 4-12　选择"程序参数设置"

图 4-13　设置热键

03 设置完成后，按下刚才设置的热键即 CTRT+P，单击需要捕捉的图像对象即可完成捕获操作。

4.3.2　捕获文字

有些多媒体光盘和网页上的文字设置了保护功能，特别禁止了右键快捷菜单，无法选定要保存的文字。但是有了 SnagIt，可以很轻松地对其抓取。

01 打开需要捕捉文字的窗口，比如某个网站的首页，然后打开 TechSmith SnagIt 软件，在软件窗口中的"模式"栏中选择"文字"选项，在打开的"切换捕获工具"对话框中单击"是"按钮，如图 4-14 所示。

02 按下刚才设置的 Ctrl+P 快捷键，出现一个红色的捕获区域，调整区域然后单击即可捕获网页中该区域内的文字，如图 4-15 所示。

图 4-14　单击"文字"选项

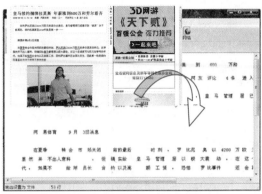

图 4-15　捕获网页中的文字

4.3.3　捕获视频

启动 SnagIt 的视频捕获功能，电脑屏幕上的所有变化都可以录制成 AVI 电影。如果在录制的过程中，一边操作，一边通过话筒进行解说，就可录制成一段精彩的多媒体教程。捕捉视频的具体操作步骤如下。

01 打开需要捕捉的视频，比如某部电影，然后打开 TechSmith SnagIt 软件，在软件窗口中的"模式"选项组中选择"视频"选项，在打开的"切换捕获工具"对话框中单击"是"按钮。

02 按下 Ctrl+P 快捷键，出现一个虚线的捕获区域，并打开"SnagIt 视频捕获"对话框，单击"开始"按钮开始捕获视频，如图 4-16 所示。需要结束视频捕获的时候，只需要双击自定义区域中的█图标，在打开的"SnagIt 视频捕获"对话框中单击"停止"按钮结束视频捕获，如图 4-17 所示。

图 4-16　单击"开始"按钮

图 4-17　单击"停止"按钮

4.3.4　捕获网络图片

在网络上经常会看到某一个网页上有很多漂亮的图片，利用 SnagIt 的网络捕获功能可以将网页中的图片保存下来，具体操作步骤如下。

01 打开某个网站，然后打开 **TechSmith SnagIt** 软件，在软件窗口中的"模式"选项组中选择"网络"选项，在打开的"切换捕获工具"对话框中单击"是"按钮。

02 按下 **Ctrl+P** 快捷键，弹出"输入 SnagIt 网络捕获地址"对话框，在"网页地址"对话框中输入网页地址以后，单击"确定"按钮开始捕获网页中的图片，如图 **4-18** 所示。捕获网页中的图片结束后，打开"网络捕获摘要"对话框，在该对话框中单击"确定"按钮，完成网络捕获操作，如图 **4-19** 所示。

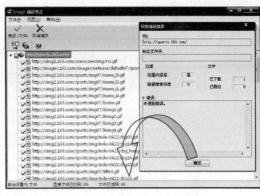

图 4-18　开始捕获网页中的图片　　　　图 4-19　完成网络捕获操作

1st Day

2nd Day

3rd Day

4th Day

5th Day

6th Day

7th Day

 ## 4.4　刻录软件——Nero 7

　　Nero 7 是一个德国公司出品的光碟刻录程序软件，支持中文长文件名刻录，也支持 ATAPI（IDE）的光碟刻录机，可刻录多种类型的光碟片。

　　使用 Nero 可以轻松快速地制作自己专属的 CD 和 DVD，不论所要刻录的是资料 CD、音乐 CD、Video CD、Super Video CD，还是 DVD，都可以交给 Nero 来完成。

4.4.1　刻录 CD 数据光盘

　　数据光盘可用来保存所有类型的文件和文件夹，光盘可在所有 Windows 操作系统下读取，刻录数据光盘的具体操作步骤如下。

01 打开 **Nero Express**，在左边的窗格中单击"数据"图标 ，然后在右侧的窗格中选择"数据光盘"选项，如图 **4-20** 所示。

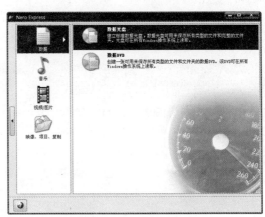

图 4-20　选择"数据光盘"选项

45

02 随后进入添加光盘内容界面，单击"添加"按钮，在打开的"添加文件和文件夹"对话框中选择需要刻录的文件和文件夹，如图 4-21 所示。

03 单击"添加"按钮，将选中的文件添加到"我的光盘"列表中，如图 4-22 所示。

图 4-21　选择需要刻录的文件和文件夹

图 4-22　将文件添加到"我的光盘"列表中

04 单击"下一步"按钮进入最终刻录设置界面，在"光盘名称"文本框中输入光盘的名称，勾选"刻录后验证光盘数据"复选框，如图 4-23 所示。

05 单击"刻录"按钮，开始刻录光盘，刻录完成后会读取光盘中的数据验证是否刻录成功，如图 4-24 所示。

图 4-23　设置刻录参数

图 4-24　开始刻录数据光盘

4.4.2　刻录 VCD 视频光盘

刻录 VCD 视频光盘是利用视频或图片文件建立视频光盘，刻录的视频光盘可在多数 VCD 及 DVD 唱机上播放，如果刻录的文件格式不正确，会在刻录过程中自动转换为正确的格式，刻录 VCD 视频光盘的具体操作步骤如下。

01 打开 Nero Express，在左边的窗格中单击"视频/图片"图标，然后在右侧的窗格中选择"Video CD"选项，如图 4-25 所示。

02 随后进入"我的视频光盘"界面，单击"添加"按钮，在打开的"添加文件和文件夹"对话框中选择需要刻录的视频文件，如图 4-26 所示。

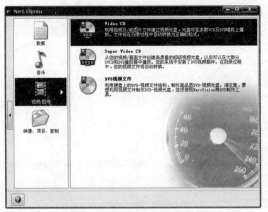

图 4-25 选择"Video CD"选项

图 4-26 选择需要刻录的视频文件

03 单击"添加"按钮，将选中的文件添加到"我的光盘"列表中，在添加视频文件的过程中系统会分析文件格式，如果视频的格式不正确就不能够完成视频添加，如图 4-27 所示。

04 单击"下一步"按钮进入设置"我的视频光盘菜单"界面，在该界面中可以设置布局、背景及文字按钮，如图 4-28 所示。

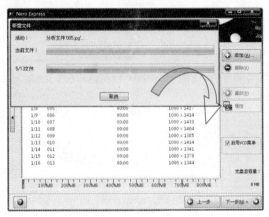

图 4-27 添加文件

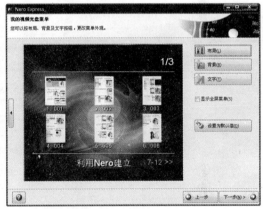

图 4-28 设置我的视频光盘菜单界面

05 单击"下一步"按钮进入最终刻录设置界面，在"光盘名称"文本框中输入光盘的名称，勾选"刻录后验证光盘数据"复选框，单击"刻录"按钮，开始刻录视频光盘，刻录完成后会读取光盘中的视频文件验证是否刻录成功。

4.5 图形处理软件——ACDSee

ACDSee 是目前最流行的数字图像处理软件，它能广泛应用于图片的获取、管理、浏览、优化甚至和他人的分享。使用 ACDSee 可以从数码相机或扫描仪高效获取图片，并进行查找、组织和预览。

此外 ACDSee 还是得心应手的图片编辑工具，可以轻松处理数码影像，拥有去除红眼、剪切图像、锐化、浮雕特效、曝光调整、旋转、镜像等功能，还能进行批量处理。

4.5.1 以缩略图方式浏览图片

安装好 ACDSee 软件以后打开 ACDSee 浏览窗口，其默认的浏览方式是以缩略图方式打开图片，在左边的文件夹选项中，找到用户存放图片的文件夹后，在右边的窗口中会显示该文件夹下面的所有图像，如图 4-29 所示。

如果用户需要查看某个图片的预览图像，那么只需选中某个图片，即可在左下方的"预览"窗口中看到该图片的预览图像，如图 4-30 所示。

图 4-29　显示文件夹中的所有图像　　　　　图 4-30　预览图像

4.5.2 以满屏浏览图片

如果需要对文件夹中的图片进行详细的查看，那么以缩略图方式打开的图片并不能满足用户的需要，这时可以选择以满屏方式进行浏览。

在中间窗格中双击某个图像文件将会打开一个窗口全屏显示该图片，在该窗口中可以选择上面工具栏中的相应按钮进行翻页、放大缩小、全屏幕显示等操作，如图 4-31 所示。

将鼠标移动到该图像上后右击，将会弹出一个菜单工具栏，在这里可以选择需要对图片进行操作的命令，比如缩放、墙纸等，如图 4-32 所示。

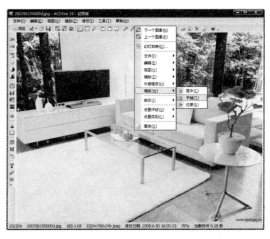

图 4-31　显示图片　　　　　　　　　图 4-32　对图片进行操作

4.5.3　批量调整图片大小

使用 **ACDSee** 能够很方便地将大量尺寸不一样的图片调整成一种规格，这样图片浏览起来会更加美观。批量调整图片大小的具体操作步骤如下。

01 按住键盘上面的 **Ctrl** 键，使用鼠标选择多张需要调整大小的图片文件，然后单击"批量调整图片大小"按钮 ，如图 4-33 所示。

02 随后打开"批量调整图片大小"对话框，选中"实际/打印大小"单选按钮，设置宽度为"6.00"、高度为"4.00"，单击"开始调整大小"按钮开始转换图片大小，如图 4-34 所示。

1st Day

2nd Day

3rd Day

4th Day

5th Day

6th Day

7th Day

图 4-33　单击"批量调整图片大小"按钮　　　　图 4-34　开始转换图片大小

4.5.4　批量转换图片文件格式

在日常办公中，有时候需要集中转换大量图片的文件格式。如果一张一张地转换图片会花费大量的时间，我们可以利用 **ACDSee** 的转换文件格式功能批量转换图片文件格式，具体的操作方法如下。

01 在 **ACDSee** 窗口中以浏览的方式打开图片文件，按住 **Ctrl** 键选择多张需要进行转换的图片文件，选择"工具"菜单，在弹出的菜单中选择"转换文件格式"命令，如图 4-35 所示。

02 随后进入选择格式界面，在"格式"列表框中选择需要转换成的图片格式，如图 4-36 所示。

图 4-35　选择"转换文件格式"命令　　　　图 4-36　选择需要转换成的图片格式

03 单击"下一步"按钮，进入设置输出选项界面，在这里设置修改文件后的存储位置以及文件选项，如图 4-37 所示。

04 单击"下一步"按钮，进入设置多页选项界面，保持系统默认值不变，单击"开始转换"按钮即可开始转换文件，如图 4-38 所示。

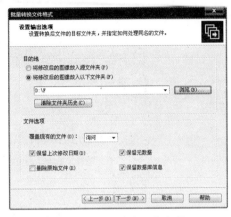

图 4-37　设置转换文件参数　　　　　　　图 4-38　开始转换

4.5.5　将文本添加到图片中

在"编辑模式"中，用户可以使用"添加文本"工具将具有一定格式的文本添加到图片中，或添加对话与思考气泡来创造卡通漫画效果。还可以将特殊效果应用于文本来给文本添加艺术气息，并且可以在制作过程中预览所作的更改。将文本添加到图片中的具体操作步骤如下。

01 单击工具栏中"编辑图像"按钮 打开"编辑模式"，然后单击"编辑面板"上的"添加文本"按钮 **T** 进入"添加文本"编辑面板，如图 4-39 所示。

02 在文本框中输入要添加的文本，在"字体"选项组中指定要使用的字体、格式选项，以及文本的颜色。拖动"大小"滑块来指定字体的大小，然后拖动"阻光度"滑块来指定文本的透明度，如图 4-40 所示。

图 4-39　"添加文本"编辑面板　　　　图 4-40　设置文本字体、格式选项以及颜色

03 通过鼠标拖动文本选取框来调整其在图片上的位置，或拖动选取框的手柄来调整它的大小。

可选择效果、阴影以及倾斜复选框，并在下面的参数设置框中通过拖动参数设置滑块来自定义文本，如图 4-41 所示。

04 单击"完成"按钮返回主菜单，然后单击主菜单中的"完成编辑"按钮完成图片的编辑，并在打开的"保存修改"对话框中单击"保存"按钮即可，如图 4-42 所示。

图 4-41　设置文字效果并调整文字位置

图 4-42　保存对图片所作的修改

4.6　邮件收发软件——Foxmail

　　Foxmail 是一个中文版电子邮件客户端软件，支持全部的 Internet 电子邮件功能。其特点是程序小巧，可以快速地发送、收取电子邮件。

4.6.1　创建用户账户

　　当安装完毕 Foxmail 后，进入 Foxmail 的用户向导，它将帮助建立新的 Foxmail 用户账户，具体操作如下。

01 在介绍 Foxmail 用户向导的界面中输入单击"下一步"按钮，进入"建立新的用户帐户"界面，在该界面中输入账户和邮件在电脑上保存的路径名称，如图 4-43 所示。

02 单击"下一步"按钮进入邮件身份标记界面，在该界面中设置发送者姓名和邮件地址，如图 4-44 所示。

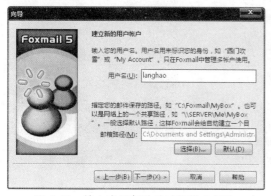

图 4-43　输入电子邮件地址和账户名称

图 4-44　设置发送者姓名和邮件地址

1st Day
2nd Day
3rd Day
4th Day
5th Day
6th Day
7th Day

03 单击"下一步"按钮进入指定邮件服务器界面,在该界面中设置 POP3 和 SMTP,并输入账户密码,如图 4-45 所示。

04 单击"下一步"按钮进入账户建立完成界面,在该界面中设置参数(大多数电子邮件都要选中第一项),然后单击"完成"按钮完成创建用户账户操作并自动进入 Foxmail 界面,如图 4-46 所示。

图 4-45　输入账户密码

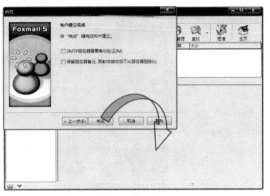

图 4-46　创建用户账户完成

4.6.2　发送邮件

在 Foxmail 发送邮件的具体操作步骤如下。

01 单击工具栏中的"撰写"按钮 右侧的按钮,在弹出的菜单中选择"梦幻"主题的信纸,打开"写邮件"窗口,如图 4-47 所示。

02 在"收件人"栏中输入要接收邮件人的邮件地址,在"抄送"文本框中输入另外一个接收邮件人的邮件地址,在"主题"文本框中输入这个邮件的主题,然后在下面的正文框中输入邮件正文并设置其文本格式,最后单击"发送"按钮开始发送邮件,如图 4-48 所示。

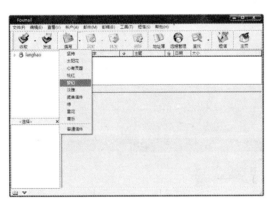

图 4-47　选择"梦幻"选项

图 4-48　写邮件并发送

4.6.3　快速添加发件人地址

为方便用户对地址簿的管理,Foxmail 提供了将发件人地址快速添加到地址簿中的功能。

01 在邮件上右击,在弹出的菜单中选择"发件人信息"选项,弹出发件人信息对话框,如图 4-49 所示。

02 在发件人信息对话框默认的"普通"选项卡中，单击"加到地址簿"按钮，最后单击"确定"按钮完成添加发件人地址，如图 4-50 所示。

图 4-49　弹出发件人信息对话框　　　图 4-50　完成添加发件人地址

4.6.4　收取邮件

在 Foxmail 中收取邮件的具体操作步骤如下。

01 单击工具栏中的"收取"按钮 ，Foxmail 开始连接邮箱，连接邮箱成功后就开始收取邮件，如图 4-51 所示。

02 然后单击用户账户名 langhao，在其下面的列表中单击"收件箱"按钮 ，接着在右边的窗格中双击需要阅读的邮件即可，如图 4-52 所示。

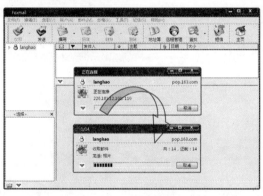

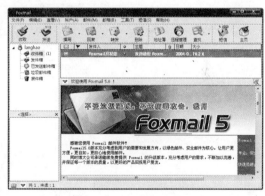

图 4-51　收取邮件　　　　　　　　　图 4-52　双击打开邮件

4.6.5　设置定时收取邮件

通过设置 Foxmail 可以定时收取服务器上的新邮件，这样可以方便用户及时查阅，不会因为自己的疏忽忘记收取重要的邮件，具体操作步骤如下。

01 选中一个邮箱用户，然后单击菜单栏中的"帐户"菜单项，在弹出的菜单中选择"属性"选项，如图 4-53 所示。

02 随后打开"帐户属性"对话框，在该对话框中设置每隔一定时间自动收取新邮件，单击"确定"按钮完成设置，如图 4-54 所示。

1st Day
2nd Day
3rd Day
4th Day
5th Day
6th Day
7th Day

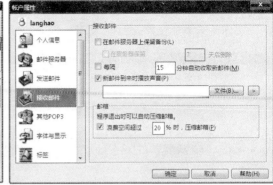

图 4-53 设置收取邮件的间隔时间　　　　　图 4-54 选择"属性"命令

 ## 4.7 巩固与练习

　　本章主要介绍了在 Windows Vista 中常用工具软件的使用方法，熟练操作这些软件可以为读者的工作带来非常大的帮助。现在给大家准备了相关的习题进行练习，以对前面学习到的知识进行巩固。

● 练习题

　　（1）使用 TechSmith SnagIt 捕获一段网络视频。

　　（2）使用 ACDSee 制作一个家庭小相册

　　（3）使用 Foxmail 给自己的朋友群发邀请邮件。

　　（4）使用 Nero 7 刻录一个家庭聚会视频。

第 2 天

Chapter

系统性能优化与设置

05

>> 学习内容

5.1 认识控制面板

5.2 系统优化和设置

>> 学习重点

- 设置显示属性
- 更改对象图标
- 优化电源管理
- 添加新硬件
- 安装新字体
- 卸载系统程序
- 清理磁盘空间

>> 精彩实例效果展示

◀ 控制面板

◀ 卸载程序

◀ 去掉边栏

5.1 认识控制面板

控制面板是 Windows 图形用户界面的一部分，用户可以使用控制面板更改 Windows 的设置，如图 5-1 所示。这些设置几乎控制了有关 Windows 外观和工作方式的所有设置，包括桌面和窗口的颜色，硬件和软件的安装、配置及安全性等。

如果要查找设置，可以在"搜索"框中输入一个字词或短语。例如，键入"声音"可查找声卡、系统声音以及任务栏上的音量图标的设置，如图 5-2 所示。用户还可以通过单击类别，例如"安全"、"程序"或"轻松访问"等来浏览控制面板中的内容。

图 5-1　控制面板　　　　　图 5-2　键入"声音"查找对应的项目

打开控制面板的另一种方法是，单击"开始"按钮 ● 打开"开始"菜单，然后在搜索框中键入"控制面板"，然后在搜索结果列表中选择"控制面板"选项。

5.2 系统优化和设置

Windows Vista 是一个多用户操作系统，允许家庭成员或办公成员多人共用一台电脑，还可以方便地为每个使用者创建用户账户，并设置个性化的屏幕、鼠标、键盘等，使每个用户都可以拥有自己的桌面和个性化的系统环境设置。

5.2.1 设置显示属性

在 Windows Vista 中，可以对不同用户的屏幕、背景、外观等显示属性进行个性化设置。

1．桌面背景

设置桌面背景的具体操作步骤如下。

01 打开"控制面板"窗口，然后在该窗口中单击"外观和个性化"选项，进入"外观和个性化"界面，如图 5-3 所示。

02 在该窗口中单击"个性化"选项进入设置"个性化外观和声音"界面，在该界面中单击"桌面背景"选项，如图 5-4 所示。

图 5-3 "外观和个性化"界面　　　　　　　图 5-4 选择"桌面背景"选项

03 随后进入"选择桌面背景"界面，在图片列表中选择需要的图片，然后在"应该如何定位图片"栏中选择图片显示方式，如图 5-5 所示。

04 单击"确定"按钮确认设置，返回桌面可以看见桌面背景已经设置成功了，如图 5-6 所示。

1st Day

2nd Day

3rd Day

4th Day

5th Day

6th Day

7th Day

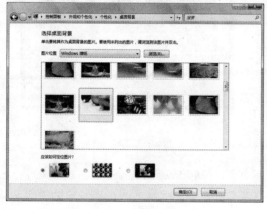

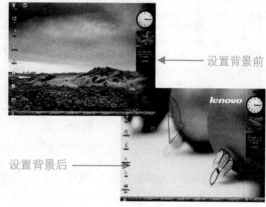

设置背景前

设置背景后

图 5-5 选择图片　　　　　　　　　图 5-6 桌面设置前后对比

2. 屏幕保护程序

　　屏幕保护程序是用户在短时间内不使用电脑时用来屏蔽电脑桌面，以达到保护显示器的目的。用户如果需要重新使用电脑，只需移动鼠标或按键盘上任意键便可恢复桌面，如果用户设置了屏幕保护程序密码，则需要输入正确的密码后才能恢复桌面。设置屏幕保护的具体操作步骤如下。

01 在设置"个性化外观和声音"界面中单击"屏幕保护程序"选项，打开"屏幕保护程序设置"对话框。

02 在该对话框中单击"屏幕保护程序"下拉列表框，接着在弹出的列表中选择一种屏幕保护程序，然后单击"确定"按钮完成设置，如图 5-7 所示。

图 5-7 选择屏幕保护程序

3．自定义 Windows 颜色和外观

新安装的 Windows Vista 操作系统的窗口外观是系统默认的"Windows Vista"样式，该样式确定了窗口和对话框的字体、颜色等方案。用户在使用电脑的过程中，可以根据个人爱好重新设置窗口与对话框的字体、颜色等。自定义 Windows 颜色和外观的具体操作步骤如下。

01 在设置个性化外观和声音界面中单击"Windows 颜色和外观"选项，进入 Windows 颜色和外观界面，在该界面中选择一种颜色并设置颜色的浓度，如图 5-8 所示。

02 单击"打开传统风格的外观属性获得更多的颜色选项"链接，可以打开"外观设置"对话框，在该对话框中用户可以自己定义窗口、菜单、图标等项目的外观方案，如图 5-9 所示。

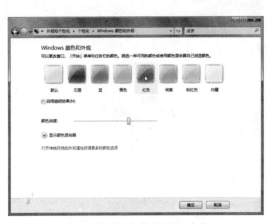

图 5-8　选择颜色并设置浓度

图 5-9　"外观设置"对话框

4．取消侧边栏

Windows Vista 新增了侧边栏，虽然这个侧边栏让 Windows Vista 更加美观和人性化，但是占用系统资源很大。取消侧边栏的方法是，在侧边栏空白区域右击，在弹出的快捷菜单中选择"关闭边栏"命令即可关闭侧边栏，如图 5-10 所示。关闭了侧边栏的桌面显得宽敞许多了，如图 5-11 所示。

图 5-10　选择"关闭边栏"命令

图 5-11　关闭后的效果

5. 设置屏幕分辨率

系统分辨率是指显示器将屏幕中的一行和一列分别分割成多少点。分辨率越高，屏幕的点就越多，显示的内容就越清晰；反之，分辨率越低，显示的内容就越粗糙。默认时，系统的分辨率是 640×480，根据显示器的不同，每台电脑可设置的最高分辨率也不同。设置分辨率的具体操作步骤如下。

01 在设置个性化外观和声音界面中单击"显示设置"选项，打开"显示设置"对话框，如图 5-12 所示。

02 通过拖动"分辨率"滑块可以调整分辨率，在"颜色"下拉列表中选择颜色质量，最后单击"确定"按钮即可完成设置，如图 5-13 所示。

图 5-12　"显示设置"对话框

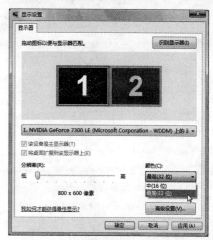

图 5-13　调整分辨率和颜色质量

6. 简化任务栏

系统中打开的应用程序都会显示在任务栏中，如果打开的应用程序太多就会使任务栏显得拥挤不堪，影响用户的操作，我们可以将任务栏简化，具体操作步骤如下。

01 在任务栏的空白处右击，然后在弹出的菜单中选择"工具栏"选项，接着在弹出的快捷菜单中取消不需要在任务栏中显示的项，如图 5-14 所示。

02 确认设置返回桌面，可以看见以前拥挤的任务栏显得宽松多了，如图 5-15 所示。

图 5-14　取消不需要显示的项

图 5-15　取消后的效果

1st Day

2nd Day

3rd Day

4th Day

5th Day

6th Day

7th Day

5.2.2 更改对象图标

我们可以任意更改对象的图标，通过更改图标可以给用户在视觉上带来全新的感受。更改对象图标的具体操作步骤如下。

01 右击需要更改图标的对象，在弹出的菜单中选择"属性"选项，如图 5-16 所示。

02 在打开的"示范 属性"对话框中单击"自定义"选项卡，如图 5-17 所示。

图 5-16 选择"属性"选项

图 5-17 单击"自定义"选项卡

03 单击"更改图标"按钮，打开"为文件夹示范更改图标"对话框，然后在图标列表框中选择一种图标，如图 5-18 所示。

04 单击"确定"按钮返回"示范 属性"对话框，再次单击"确定"按钮返回文件夹窗口，看见选中的文件图标已经发生了改变，如图 5-19 所示。

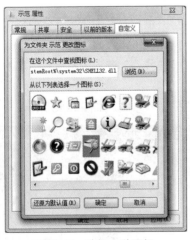

图 5-18 选择一种图标

改变后的图标

图 5-19 改变图标后的效果

5.2.3 优化电源管理

通过优化电源管理，使一些设备在不使用的情况下停止运行，这样可以有效地节约电能和降低电脑硬件损耗。优化电源管理的具体操作步骤如下。

01 打开"控制面板"窗口，在该窗口中单击"硬件和声音"图标，进入"硬件和声音"窗口，如图 5-20 所示。

02 在该窗口中的"电源选项"下方单击"更改计算机睡眠时间"选项，然后在打开的"编辑计划设置"窗口中设置关闭显示器的时间和使电脑进入睡眠状态需要的时间，最后单击"保存修改"按钮即可，如图 5-21 所示。

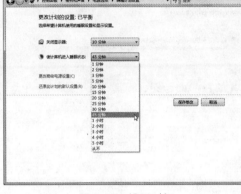

图 5-20　"硬件和声音"窗口　　　　　　　图 5-21　设置时间

1st Day

2nd Day

3rd Day

4th Day

5th Day

6th Day

7th Day

5.2.4　添加新硬件

在为电脑添加新硬件的时候，对于"即插即用"的设备，只需根据生产商的说明将设备连接到电脑上，然后启动 Windows Vista 操作系统，登录系统后会自动检测新的"即插即用"设备，并安装所需要的软件。如果系统没有检测到"即插即用"设备，则表示设备本身没有正常工作，需要手动添加新硬件。

添加新硬件的操作步骤如下。

01 打开"控制面板"窗口，在该窗口中单击"硬件和声音"图标，进入"硬件和声音"窗口，然后单击在该窗口的"设备管理器"选项下方的"更新设备驱动程序"选项，如图 5-22 所示。

02 在打开的"设备管理器"窗口中选择前面带标志的硬件，然后右击该硬件，在弹出的菜单中选择"更新驱动程序软件"选项，如图 5-23 所示。

图 5-22　单击"更新设备驱动程序"项　　　　图 5-23　选择"更新驱动程序软件"命令

03 随后打开"更新驱动程序软件"窗口，在该窗口中选择"浏览计算机以查找驱动程序软件"

选项，如图 5-24 所示。

04 进入"浏览计算机上的驱动程序文件"界面，在该界面中设置搜索驱动程序软件的位置，例如驱动程序在安装光盘中，可以将光盘插入光驱，然后设置搜索驱动程序软件的位置为"G:\"，如图 5-25 所示。

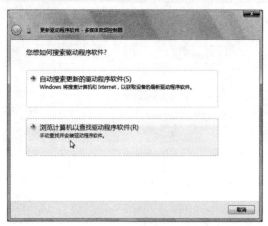

图 5-24　选择需要的选项　　　　　图 5-25　设置搜索驱动程序软件的位置

05 单击"下一步"按钮，系统开始在 G 盘上获取软件，搜索到合适的驱动程序软件后开始自动安装软件，如图 5-26 所示。

06 软件安装完成后进入提示成功更新驱动程序文件界面，单击"关闭"按钮返回"设备管理器"窗口，可以看见 图标后面的 标志没有了，表示该硬件已经安装好了，如图 5-27 所示。

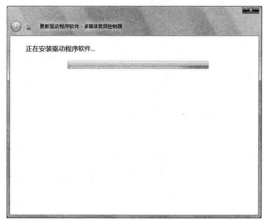

图 5-26　自动安装软件　　　　　　　图 5-27　完成安装

5.2.5　安装新字体

Windows Vista 系统中默认的字体是 TrueType，用户可以根据需要给系统增加新字体，丰富的字体可以使文档更加美观。安装新字体的具体操作步骤如下。

01 打开"控制面板"窗口，在该窗口中单击"个性化"图标 进入外观和个性化界面，在该界面中单击"字体"图标 ，如图 5-28 所示。

02 随后打开"字体"窗口，在该窗口的空白处右击，然后在弹出的菜单中选择"安装新字体"选项，如图 5-29 所示。

图 5-28 单击"字体"图标

图 5-29 选择"安装新字体"选项

03 在弹出的"添加字体"对话框中的"驱动器"栏中选择要安装的字体所在的磁盘，在"文件夹"列表框中选择字体所在的文件夹，如图 5-30 所示。

04 单击"全选"按钮选中字体文件夹中的所有字体，然后单击"安装"按钮，开始安装字体并显示安装信息，如果安装的字体系统本来就有，则会弹出提示对话框提示用户是否覆盖以前的字体，如图 5-31 所示。

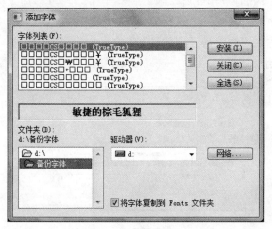

图 5-30 选择字体所在的位置

图 5-31 开始安装字体

5.2.6 卸载系统程序

对于不再需要使用的软件或者由于程序运行错误导致不能再继续使用的软件，我们可以将其从电脑中删除，从而释放硬盘空间。

删除程序的具体操作步骤如下。

01 打开"控制面板"窗口，在该窗口中单击"程序"图标，进入"程序"界面，在该界面中的"程序和功能"选项下方单击"卸载程序"选项，如图 5-32 所示。

02 进入"卸载或更改程序"界面，在程序列表中选中需要卸载的程序，然后单击 卸载/更改 按

1st Day

2nd Day

3rd Day

4th Day

5th Day

6th Day

7th Day

钮，在弹出的对话框中单击"移除"按钮即可开始卸载程序，如图 5-33 所示。

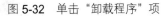

图 5-32 单击"卸载程序"项

图 5-33 卸载程序

5.2.7 清理磁盘空间

使用磁盘清理程序可以帮助用户释放硬盘驱动器空间，删除临时文件、Internet 缓存文件和可以安全删除的不需要的文件，腾出它们占用的系统资源，以提高系统性能。

执行磁盘清理程序的具体操作步骤如下。

01 单击"开始"按钮，打开"开始"菜单，然后执行"所有程序"→"附件"→"系统工具"→"磁盘清理"命令，打开"磁盘清理选项"对话框，如图 5-34 所示。

02 在该对话框中选择"仅我的文件"选项，进入"磁盘清理：驱动器选择"对话框，在"驱动器"栏中选择要清理的驱动器，如图 5-35 所示。

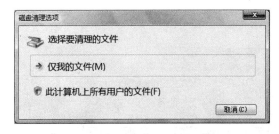

图 5-34 "磁盘清理选项"对话框

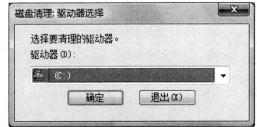

图 5-35 选择要清理的驱动器

03 单击"确定"按钮开始计算可以在 C 盘上释放多少空间，并显示扫描进度，如图 5-36 所示。

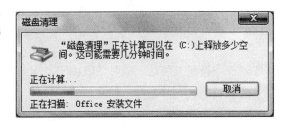

图 5-36 计算可以释放多少空间

04 随后在打开的对话框中列出可以删除的文件供用户查看，在文件列表框中勾选需要删除的文件，如图 5-37 所示。

05 单击"确定"按钮，弹出确认删除文件提示框，在该提示框中单击"删除文件"按钮，系统开始清理磁盘，如图 5-38 所示。

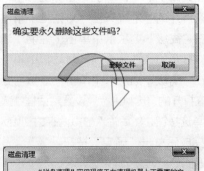

图 5-37　选择需要删除的文件　　　　　　图 5-38　开始清理磁盘

1st Day

2nd Day

3rd Day

4th Day

5th Day

6th Day

7th Day

5.3　巩固与练习

　　本章主要讲解了控制面板的使用方法以及常用的系统优化和设置。通过本章的学习，读者可以对 Windows Vista 进行个性化的设置，使其更加符合自己的使用习惯。

● 优化颜色和外观

01 执行"控制面板→外观和个性化→自定义颜色"命令，在出现的窗口中取消选择"启用透明效果"复选框。

02 选择"打开传统风格的外观属性获得更多的颜色选项"命令，将颜色方案从"Windows 透明"更改为"Windows 经典"。

03 执行"控制面板→外观和个性化→更改桌面背景"命令，在"图片位置"下拉列表框中选择"纯色"选项。

04 执行"控制面板→外观和个性化→更改屏幕保护程序"命令，将屏幕保护程序设置为"无"。

05 执行"控制面板→外观和个性化→更改主题"命令，将主题设置为"Windows 经典"。

● 安装打印机

01 打开"控制面板"窗口，在该窗口中的打印机项下方单击"添加打印机"项，打开"添加打印机"窗口。

　在"添加打印机"窗口中添加本地打印机或是网络打印机，然后单击"下一步"按钮。

02 选择打印机端口，然后单击"下一步"按钮。

03 选择打印机的厂商和型号，然后单击"下一步"按钮。

04 输入打印机名称，单击"下一步"按钮开始安装打印机。

设置虚拟内存

01 在桌面上的"计算机"图标上右击，在弹出的快捷菜单中选择"属性"选项。

02 在打开的"系统属性"对话框中单击"高级"选项卡。

03 在"高级"选项卡中单击"性能"选项右侧的"设置"按钮。

04 在打开的"性能选项"对话框中单击"高级"选项卡。

05 在"高级"选项卡中单击"虚拟内存"选项右侧的"更改"按钮。

06 在打开的"虚拟内存"设置对话框中选择虚拟内存要存放的磁盘驱动器，接着选中"自定义大小"单选按钮，然后输入虚拟内存的初始大小值以及最大值，这里根据硬盘空间的大小进行设置。设置完成后单击"确定"按钮。

07 返回到"性能选项"对话框，单击"确定"按钮。

08 返回到"系统属性"对话框，单击"确定"按钮结束对虚拟内存的设置。

第 3 天

Chapter

Word 基本操作入门

06

>> 学习重点

● 新建、保存和打开文档

● 设置字体、字号、字形、字符间距

● 设置段落缩进

● 设置段落对齐方式

● 设置行间距

● 设置段间距

● 修复轻微损坏的文件

● 修复严重损坏的文件

>> 精彩实例效果展示

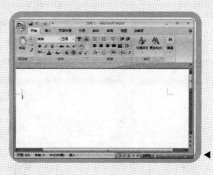

◀ 工作窗口

◀ 下拉菜单

◀ 3 倍行距

7 天学会电脑办公

6.1 认识 Word 2007 的工作窗口

Word 2007 的工作窗口由"Microsoft Office"按钮、标题栏、选项卡、工具栏、编辑区、滚动条、状态栏几部分组成，如图 6-1 所示。

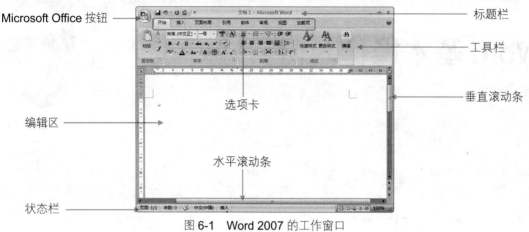

图 6-1 Word 2007 的工作窗口

（1）"Microsoft Office"按钮

单击"Microsoft Office"按钮，在弹出的下拉菜单中可打开、保存或打印文档，并可查看可对文档执行的相关操作。

（2）标题栏

显示正在编辑的文档名。启动 Word 2007 时，会自动产生一个叫"文档1"的新文档。

（3）选项卡

显示通过分类组织的程序命令，单击某个选项卡，便会出现对应的工具栏窗口。

（4）工具栏

工具栏是一些常用菜单命令的一种快捷方式。将鼠标指针放到某工具按钮上，大约一秒钟后后在其下方将显示它的名称。在每个工具栏中，都有一些分组。比如在"开始"选项卡下有剪贴板、字体、段落、样式等工具栏分组。每个分组里包含一些工具按钮，单击工具栏选项中的工具按钮，可以执行相关的操作。有些工具栏分组的右下角带有斜箭头，说明除了显示出的默认操作外，它们还有更多的选项可以选择。

（5）编辑区

位于窗口中央，是进行文本输入、编辑文本及图片的工作区域。在"普通"显示方式下，编辑区有四个标记：插入点、竖形鼠标标记、段落结束标记"↵"、文档结束标记"▬"。

（6）滚动条

在编辑区的右边和下边，分别为垂直滚动条和水平滚动条。单击滚动条中的滚动箭头，可以使屏幕向上、下、左、右滚动一行或一列；单击滚动条旁边的空白处，可以使屏幕上、下、左、右滚动一屏；拖曳滚动条中的滚动块，可迅速达到显示的位置。

（7）状态栏

显示当前页状态（所在的页数、节数、当前页数/总页数）、插入点状态（位置、第几页）、两种 Word 编辑状态（插入、改写）和"语言"状态。

6.2　Word 2007 中文档的基本操作

在 Word 软件中文档就如同一张纸，而键盘和鼠标就是笔，如果要使用 Word 进行操作，首先要掌握文档的基本操作，这样我们才能对文本进行编辑。

6.2.1　新建文档

在启动 Word 2007 软件以后系统会自动创建一个名为"文档 1"的空白文档，并且将光标定位在文档第 1 页的第 1 行，这时用户可以直接使用它进行文本编辑。当然我们也可以通过"Office"按钮重新创建空白文档，具体的操作步骤如下。

01 启动 Word 2007 软件，在 Word 软件窗口中单击"Office"按钮，在弹出的下拉菜单中选择"新建"命令，打开"新建文档"任务窗格，如图 6-2 所示。

02 在"新建文档"任务窗格中单击中间窗格中的"空白文档"选项链接，单击"创建"按钮后即可创建新文档，如图 6-3 所示。

图 6-2　选择"新建"命令

图 6-3　"新建文档"任务窗格

6.2.2　保存文档

用户完成了对文档的操作以后，需要将用户前面对文档的操作保存下来，这样才不会丢失编辑后的文档，保存文档的具体操作步骤如下。

01 打开创建好的新文档，进行编辑以后，单击"Office"按钮，在弹出的下拉菜单中，选择"保存"命令，如图 6-4 所示。

图 6-4　选择"保存"命令

02 在打开的"另存为"对话框中的保存位置栏中选择新文档要保存的路径，在"文件名"栏中为新文档输入一个文件名，例如"我的第一个文档"，最后单击"保存"按钮即可完成文档的保存，如图 6-5 所示。

图 6-5 "另存为"对话框

6.2.3 打开文档

用户在使用 Word 2007 软件进行文档编辑的时候，通常需要打开另外一个已经保存的 Word 文档来辅助编辑。打开 Word 文档的操作步骤如下。

01 在 Word 2007 窗口中单击"**Office**"按钮 ，在弹出的菜单中选择"打开"命令，如图 6-6 所示。

02 打开"打开"对话框，在"查找范围"栏中选择打开文档所在的路径，然后选中要打开的文档，如"房产宣传手册"，单击"打开"按钮即可打开选中的文档，如图 6-7 所示。

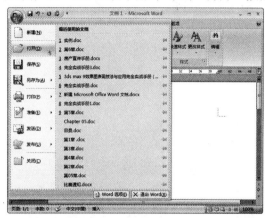

图 6-6 选择"打开"命令

图 6-7 "打开"对话框

6.3 文本录入与选取

Word 2007 最基本的功能就是对文本进行编辑，用户在编辑时则需要对文本进行录入和选取等操作。下面为大家介绍文本录入、选取方面的技巧。

6.3.1 文本录入

1. 定位光标

在打开的 Word 文档中，有一条闪烁的竖线 |，这就是我们所说的光标位置。在进行录入文本以前，首先需要将光标定位到准备录入文本的位置。

用户可以使用鼠标或者键盘来定位光标。使用鼠标定位光标的方法很简单，只需单击目标位置即可完成光标定位，如图 6-8 所示。

2．即点即输

即点即输功能是从 Word 2000 开始新增的编辑功能。使用即点即输功能可以在文档的任意位置处输入文本。具体操作步骤如下。

01 打开一个 Word 文档，然后将鼠标移至文本范围内的任意位置。

02 在该位置处双击，这样就可以将插入点移动到该位置，然后就可以在该位置进行文本录入，如图 6-9 所示。

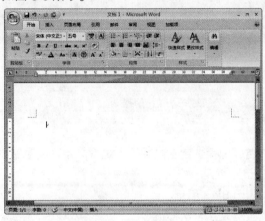

图 6-8　光标定位　　　　　　　　　图 6-9　即点即输

3．录入状态

在 Word 2007 中输入文本时有"插入"和"改写"两种输入状态，（当状态栏中显示为"插入"时，文本编辑处于插入状态；显示为"改写"时，文本编辑处则为改写状态。）系统默认为"插入"状态。如果需要切换到"改写"状态，只需单击 插入 按钮即可进行切换。

在"插入"状态下，键入的文本将插入到当前光标所在位置，光标后面的文本按顺序后移。

在"改写"状态下，键入的文本会把插入光标后面的文字替换掉，其余的文本位置不变。

除了单击"插入"按钮，用户还可以通过按键盘上的 Insert 键来切换输入状态。

4．特殊符号录入

在录入文本时，如果需要键入符号或特殊形式的符号，如希腊字母、拉丁文等，除了可以使用中文输入法中的动态键盘外，还可以通过"插入"选项卡来实现。

例如插入数学符号"Σ"，具体操作步骤如下。

01 将光标定位到需要插入数学符号"Σ"的位置，然后单击"插入"选项卡。

02 在功能区的"特殊符号"组中单击"符号"右侧的 按钮，在下拉列表中单击 更多… 按钮，打开"符号"对话框，如图 6-10 所示。

03 在"插入特殊符号"对话框中使用鼠标选择"特殊符号"选项卡中需要插入的数学符号"Σ"，单击"确定"按钮确认插入，如图 6-11 所示。

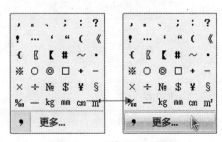

图 6-10　"符号"对话框

04 返回 Word 主窗口在需要插入符号的位置看到已经插入数学符号 "Σ"，如图 6-12 所示。

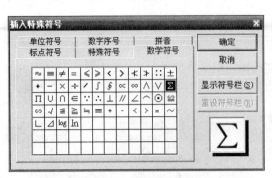

图 6-11　"插入特殊符号"对话框

图 6-12　插入的特殊符号

6.3.2　文本选取

文本选取的方法有很多种，可以通过鼠标拖曳、键盘选定、鼠标配合键盘选定等。最简单快捷方法是使用鼠标拖曳来选取文本，具体操作步骤如下。

01 将光标移动到需要选取文本位置开始点处，如图 6-13 所示。

02 按住鼠标左键并向需要选取的文本方向拖动至结束点，这样被选中的文本会以反白显示，如图 6-14 所示。

图 6-13　定位光标

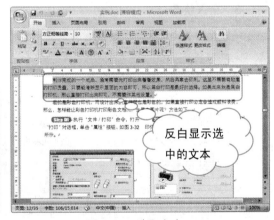

图 6-14　选取文本

 ## 6.4　文本的复制、移动和删除

用户在编辑文本时，对于一些重复输入的文本，或者需要在其他地方引用一段文本，则需要用到"复制"操作。如果需要改变文本位置，可以通过"移动"操作来完成。

6.4.1　文本的复制

将文档中的文本内容进行复制的具体操作步骤如下。

01 使用鼠标拖动选定要复制的文本内容，单击"开始"选项卡，在"剪贴板"工具栏中单击"复制"按钮，将选定的内容复制到剪贴板中，如图 6-15 所示。

02 将光标位置定位到需要复制的目标位置，在"剪贴板"工具栏中单击"粘贴"按钮，将剪贴板中的内容粘贴到光标位置处，如图 6-16 所示。

1st Day

2nd Day

3rd Day

4th Day

5th Day

6th Day

7th Day

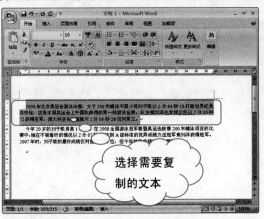

图 6-15　复制文本

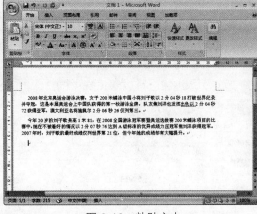

图 6-16　粘贴文本

03 返回文本编辑区可以看见选中的文本内容已经被复制到指定的位置处了，如图 6-17 所示。

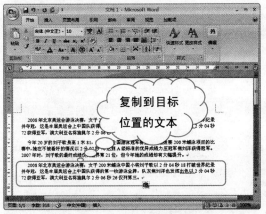

图 6-17　复制后的文本效果

提示

我们也可以在选定要复制的文本内容后，按下 Ctrl+C 组合键进行复制，然后将光标定位到要复制到的位置，按下 Ctrl+V 组合键进行粘贴即可。

6.4.2　文本的移动

将文档中的文本内容进行移动的具体操作步骤如下。

01 使用鼠标拖动选定要移动的文本内容，单击"开始"选项卡，在"剪贴板"工具栏中单击"剪切"按钮，将选定的内容移动到剪贴板中，如图 6-18 所示。

02 将光标位置定位到要移动的目标位置，在"剪贴板"工具栏中单击"粘贴"按钮，将剪贴板中的内容粘贴到光标位置处，如图 6-19 所示。

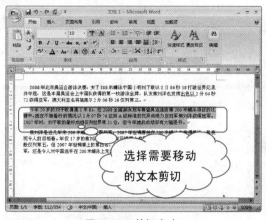

图 6-18　剪切文本

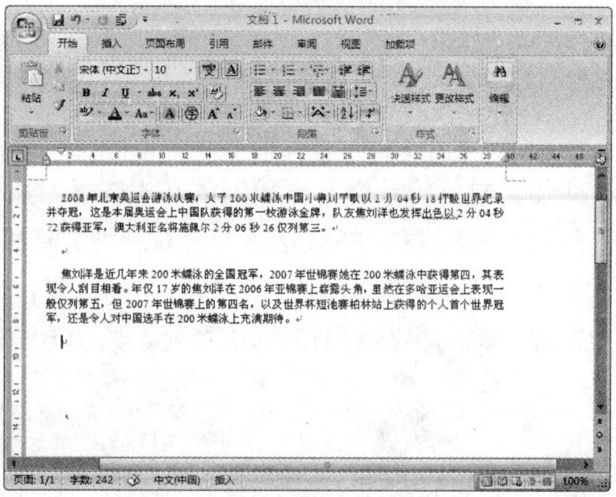

图 6-19　粘贴文本

03 返回文本编辑区可以看见选中的文本内容已经被移动到指定的位置处了，如图 6-20 所示。

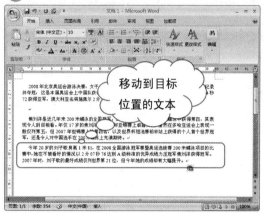

图 6-20　移动后的文本效果

> 我们也可以在选定要复制的文本内容后，按下 **Ctrl+X** 组合键进行剪切，然后将光标定位到要复制到的位置，按下 **Ctrl+V** 组合键进行粘贴即可。

6.4.3　文本的删除

如果输入文本时发生错误，就需要使用删除功能。通过键盘删除文本的操作方法有以下几种。

- Delete：删除光标后一个字符或被选中的文本。
- Back Space：删除光标前一个字符。
- Ctrl+ Delete：删除光标后一个单词。
- Ctrl+ Back Space：删除光标前一个单词。

6.5　文本的查找和替换

使用 Word 2007 提供的查找与替换功能，可以很方便地搜索需要的文本，并可将搜索到的文本替换成指定的文本。

6.5.1　文本的查找

在编辑文档的过程中，如果需要查找某一个字、词组或者单词时，可以通过查找来实现，具体的操作步骤如下。

01 单击"开始"选项卡，在"编辑"工具栏中单击"编辑"按钮，然后在弹出的下拉菜单中选择"查找"命令，如图 **6-21** 所示。

02 随后打开"查找和替换"对话框，在"查找内容"文本框中输入需要查找的文本，如"冠军"，单击"查找下一处"按钮，系统开始查找"冠军"，如图 **6-22** 所示。

1st Day

2nd Day

3rd Day

4th Day

5th Day

6th Day

7th Day

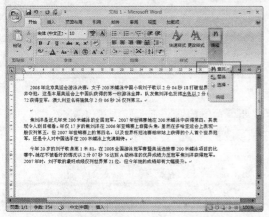

图 6-21　选择"查找"命令

图 6-22　"查找和替换"对话框

03 当查找到"冠军"文本的时候系统会暂停查找，并将查找到的内容反白显示，如图 **6-23** 所示。单击"查找下一处"按钮，系统将会继续查找下一处"冠军"文本。

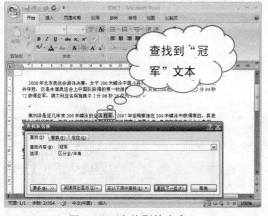

图 6-23　查找到的内容

> **提示**
>
> 我们可以通过按下 Ctrl+F 组合键，直接打开"查找和替换"对话框，这样就可以节省操作步骤，提高工作效率。

6.5.2　文本的替换

用户在编辑文档的过程中，如果需要将某一个字、词组或者单词换成其他的文本时，可以通过 Word 2007 的替换功能来实现，具体的操作步骤如下。

01 单击"开始"选项卡，在"编辑"工具栏中单击"编辑"按钮，然后在弹出的下拉菜单中选择"替换"命令，如图 **6-24** 所示。

02 随后打开"查找和替换"对话框，在"查找内容"文本框中输入需要查找的文本，如"第二枪"，在"替换为"文本框中输入要替换的文本，如"第三枪"，如图6-25所示。

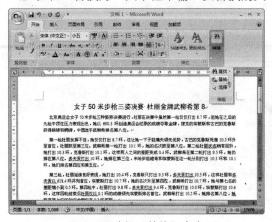

图6-24　选择"替换"命令

图6-25　"查找和替换"对话框

03 单击"查找下一处"按钮，系统开始自动查找要替换的内容，在查找到第1处文本时，系统会暂停查找，并将查找到的文字反白显示，这时可以执行下列操作之一。

- 单击"查找下一处"按钮继续查找。
- 单击"替换"按钮将该文字替换成"替换为"文本框中的内容，然后继续查找。
- 单击"全部替换"按钮，将文档中所有找到的文字替换为替换文字。

04 单击"替换"按钮将查找到的文本"第二枪"替换成"第三枪"，返回文档窗口可以看见"第二枪"已经替换成"第三枪"了，如图6-26所示。

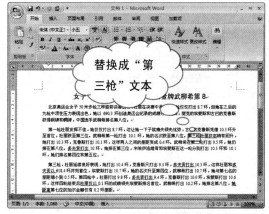

图6-26　替换后的内容

6.6　设置字符格式

字符格式主要包括字体、字号、字形、颜色、字符边框和底纹等。设置字符格式不仅可以使文档版面美观，也增加了文章的可读性。

6.6.1　设置字体

Word 2007常用的汉字字体包括宋体、黑体、隶书、楷书等。在Word 2007中输入的汉字默认字体为宋体。Word 2007提供了几十种中文字体和英文字体供用户选择，使用不同字体可以实现不同的效果。

设置字体的具体操作步骤如下。

01 使用鼠标拖动选中需要设置字体的文本，单击"开始"选项卡，在"字体"工具栏中单击右下角的■按钮，如图 6-27 所示。

02 随后打开"字体"对话框，在"中文字体"下拉列表中选择文字的字体，如"黑体"，如图 6-28 所示。

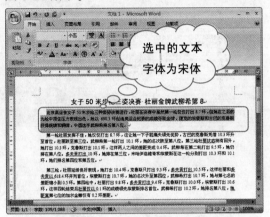

图 6-27　选中需要设置字体的文本

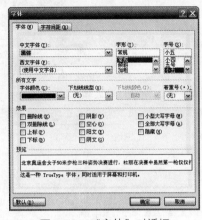

图 6-28　"字体"对话框

03 单击"确定"按钮返回文档窗口，可以看见选中的文本字体由"宋体"变为了"黑体"，如图 6-29 所示。

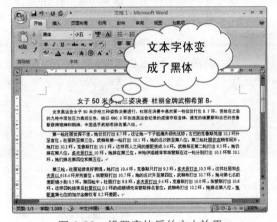

图 6-29　设置字体后的文本效果

6.6.2　设置字号

字号就是字符的大小。在一个文档中，为不同的文本内容设置不同大小的字号，可以让整个文档看起来层次突出。例如，标题就需要使用比较大的字号，如果正文内容中需要突出某个词组也可以将该词组的字号设置大些。

设置字号的具体操作步骤如下。

01 使用鼠标拖动选中需要设置字号的文本，单击"开始"选项卡，在"字体"工具栏中单击"字号"后的下拉按钮，在弹出的下拉列表中选择字号，如"小四"，如图 6-30 所示。

02 单击"小四"选项完成设置返回文档窗口，可以看见选中的文字字号由"小五"变为了"小四"，如图 6-31 所示。

1st Day

2nd Day

3rd Day

4th Day

5th Day

6th Day

7th Day

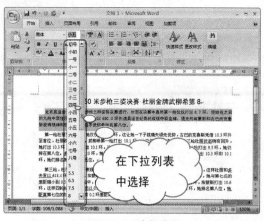

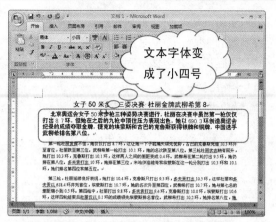

图 6-30 选择字号　　　　　　　　　　图 6-31 设置字号后的文本效果

6.6.3 设置字形

在编辑文本的过程中除了加大字号和设置文字颜色来突出文字的醒目和重要性外，也可以通过对文字的字形设置来达到相同的目的。

设置文字字形的具体操作步骤如下。

01 使用鼠标拖动选中需要设置字号的文本，单击"开始"选项卡，在"字体"工具栏中单击右下角的 按钮，如图 6-32 所示。

02 随后打开"字体"对话框，在"字形"列表框中选择文字的字形，如"倾斜"，单击"确定"按钮返回文档窗口，可以看见选中的文字字体已经变倾斜了，如图 6-33 所示。

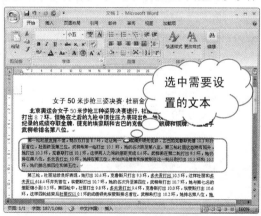

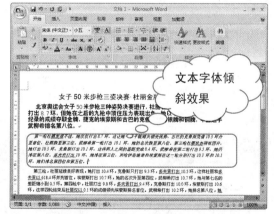

图 6-32 选中需要设置字形的文本　　　图 6-33 设置倾斜后的文本效果

6.6.4 设置字符间距

字符间距是指相邻字符间的距离，用户通过调整字符之间的距离，可以改变一行文字的字数，这在文档录排中经常用到的一种功能。

设置字符间距的具体操作步骤如下。

01 使用鼠标拖动选中需要设置字符间距的文本，单击"开始"选项卡，在"字体"工具栏中单击右下角的 按钮，如图 6-34 所示。

02 随后打开"字体"对话框,单击"字符间距"选项卡,单击间距栏右侧的下拉按钮 ✓ ,在弹出的下拉列表中选择"加宽"选项,磅值设置为"3磅",其他参数设置如图 6-35 所示。

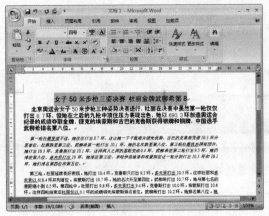

图 6-34 选中需要设置字符间距的文本

图 6-35 设置字符间距

03 单击"确定"按钮返回文档窗口,可以看见选中的文字间距已经拉开了,如图 6-36 所示。

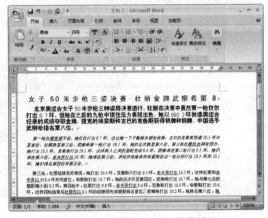

图 6-36 设置字符间距后的效果

1st Day

2nd Day

3rd Day

4th Day

5th Day

6th Day

7th Day

6.7 设置段落格式

段落是文档结构的重要组成部分,在 Word 2007 中不管是输入字符、语句或者是一段文字,只要在文本后面加上一个段落标记 ↵ 就构成了一个段落。在输入文本时,每按下一次回车键,就插入了一个段落标记,并开始另外一个新的段落,同时会把上一个段落的格式应用到这个新的段落中。

为了使文档的版面生动、活泼,我们可以对文章中的段落设置各种不同的格式,下面为大家介绍段落的基本操作。

6.7.1 设置段落缩进

缩进是表示一个段落的首行及左右两边距离页面左右两边以及相互之间的距离关系。

设置段落缩进可以利用菜单和标尺两种方法，使用标尺比较快捷方便，这里介绍利用标尺进行段落的缩进。

标尺中有"首行缩进"、"悬挂缩进"、"左缩进"、"右缩进"等几个缩进标志，如图 6-37 所示。

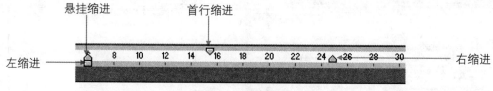

图 6-37　四种缩进

- 首行缩进：段落第一行由左缩进位置向内缩进的距离，中文习惯首行缩进一般为两个汉字宽度。
- 悬挂缩进：段落中每行的第一个文字由左缩进位置向内侧缩进的距离。悬挂缩进多用于带有项目符号或编号的段落。
- 左缩进：段落的左边距离页面左边距的距离。
- 右缩进：段落的右边距离页面右边距的距离。

下面以图解的方式为大家介绍段落的 4 种缩进方式，如图 6-38 所示。

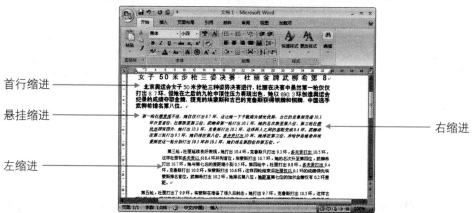

图 6-38　四种缩进方式效果

段落标记不但标记了一个段落，而且记录了段落的格式信息。要复制段落的格式只要复制其段落标记就可以了，删除了段落标记也就删除了段落的格式。执行"视图／显示段落标记"命令可以显示或隐藏段落标记。

6.7.2　设置段落对齐方式

段落可以设置不同的对齐方式，例如文档标题可以使用居中对齐方式，正文可以使用左对齐、右对齐或两端对齐等方式。

设置段落对齐的具体操作步骤如下。

01 将光标定位到需要设置段落对齐方式的段落，单击"开始"选项卡，在"段落"工具栏中单击右下角的 ⬜ 按钮，如图 **6-39** 所示。

02 随后打开"段落"对话框，在该对话框中单击"对齐方式"下拉按钮 ⬇，在下拉列表中选择一种对齐方式，如"右对齐"，如图 **6-40** 所示。

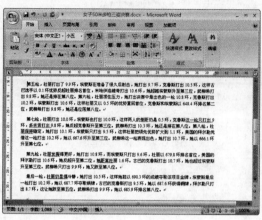

图 6-39　定位光标

图 6-40　设置对齐方式

03 单击"确定"按钮返回文档窗口，可以看见设置段落右对齐的效果，如图 **6-41** 所示。

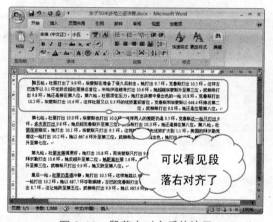

图 6-41　段落右对齐后的效果

1st Day

2nd Day

3rd Day

4th Day

5th Day

6th Day

7th Day

6.7.3　设置行间距

　　行间距就是指两行文字之间的距离，在 Word 2007 中默认的行间距为一个行高，当某个字符的字号变大或行中出现图形时，Word 会自动调整行高。

　　使用"开始"选项卡上的"段落"组，可以快速地设置段落的行间距，设置行间距的具体操作步骤如下。

01 将光标定位到需要设置行间距的某行，单击"开始"选项卡，在"段落"工具栏中单击右下角的 ⬜ 按钮，如图 **6-42** 所示。

02 随后打开"段落"对话框，在该对话框中单击"行距"下拉按钮 ⬇，在下拉列表中选择选择行距大小，如"多倍行距"，设置值为"3"，如图 **6-43** 所示。

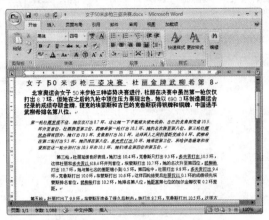

图 6-42　定位光标

图 6-43　设置行间距

03 单击"确定"按钮返回文档窗口，可以看见设置行间距为 3 倍后的效果，如图 6-44 所示。

当在"段落"对话框的"行距"一栏选择"最小值"、"固定值"或"多倍行距"时，可以在"设置值"数值框中设置任意的数值。

提示

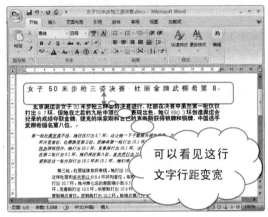

可以看见这行文字行距变宽

图 6-44　设置行间距为 3 倍后的效果

6.7.4　设置段间距

段间距是指两段文字之间的距离。设置段间距有一个比较简单的办法，就是按回车键插入空行，我们也可以在"段落"对话框中精确设置段间距，其具体的操作步骤如下。

01 将光标定位到需要设置段间距的段落，单击"开始"选项卡，在"段落"工具栏中单击右下角的 按钮，如图 6-45 所示。

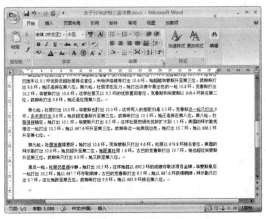

图 6-45　定位光标

02 随后打开"段落"对话框，在该对话框中将"段前"参数设置为"2 行"，"段后"参数设置为"3 行"，如图 6-46 所示。

03 单击"确定"按钮返回文档窗口，可以看见设置段前、段后的间距分别为 2 行和 3 行后的效果，如图 6-47 所示。

图 6-46　设置段间距

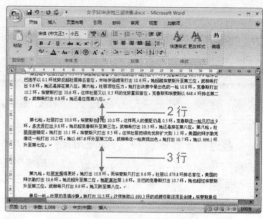

图 6-47　设置段间距后的效果

1st Day

2nd Day

3rd Day

4th Day

5th Day

6th Day

7th Day

6.8　修复损坏的文档

用户在编辑文档的时候，由于操作不当会使文档受到损坏，再打开的时候就会提示该文档不能够打开等错误信息。我们可以通过 Word 2007 的修复损坏文件功能来解决这个问题。

6.8.1　修复轻微损坏的文件

如果文档属于轻微损坏，可以按照下面的步骤进行恢复。

01 在 Word 2007 软件窗口中单击"Office"按钮，在弹出的菜单中选择"打开"命令，然后在打开的"打开"对话框中选中损坏的文件，单击"打开"按钮右边的小箭头，在下拉菜单中选择"打开并修复"命令，如图 6-48 所示。

02 损坏的文件被打开，同时弹出一个说明错误位置的窗口，单击"定位"按钮可以查看错误所在位置，单击"关闭"按钮退出，这样就将损坏的文件修复好了。

图 6-48　选择打开并"修复"命令

6.8.2 修复严重损坏的文件

如果文档损坏程度非常严重，使用上面的方法不能够恢复时，我们可以通过其他方法将文档中的文本恢复，不过文档中所有的图形就都会丢失。修复严重损坏的文件具体操作步骤如下。

01 在 Word 2007 软件窗口中单击"Office"按钮，在弹出的菜单中选择"打开"命令，然后在打开的"打开"对话框中选中损坏的文件，然后在文件类型中选择"从任意文件还原文本"选项，单击"打开"按钮，如图 6-49 所示。

02 经过数十秒的转换后，Word 打开恢复了文本的文件，并打开"显示修复"对话框，单击"关闭"按钮，就可以看到恢复后的文本。

图 6-49 选择"从任意文件还原文本"选项

6.9 巩固与练习

本章主要介绍了 Word 2007 的各种基本操作，包括新建、打开、保存和关闭文件的方法，以及文本的录入、删除、选取、移动/复制、查找/替换等操作。学习完本章后，读者会对 Word 文件的建立、保存以及简单的文本操作有初步的了解。

练习题

（1）新建一个 Word 文档，然后输入各种文本，如中文字符、中文数字等，然后保存文档，最后关闭文档。

（2）打开刚才保存的文档，然后使用键盘选取 3 行文字。

（3）打开一个 Word 文档，将文档中的所有相同的词组全部替换为另外一个词组。

（4）在文档中输入一段文本，为文本设置不同字体、字号、字符间距，然后为段文字设置缩进和对齐方式。

第 **3** 天

Chapter

制作游泳比赛通知 ⏸——07

▶▶ 学习重点

● 标题的写法

● 正文的写法

● 新建文档

● 输入比赛通知文字信息并保存文档

● 设置文本段落格式

● 设置字体样式

● 为文本添加底纹

● 调整文本的间距

● 使用格式刷快速复制格式

● 插入背景图片

● 其他字体样式调节

▶▶ 精彩实例制作展示

◀ 输入文字

◀ 添加底纹

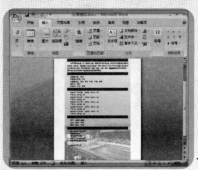

◀ 插入图片

7 天学会电脑办公

7.1 相关知识介绍

通知是一种常用的公文，使用频率高，运用范围广。常用的通知包括事项性通知、会议通知、任免通知和批转性通知等。通知的写作通常包含标题和正文两部分。

7.1.1 标题的写法

通知的标题有完全式和省略式两种。

（一）完全式标题：是发文机关、事由、文种齐全的标题。

（二）省略式标题：根据需要省去发文机关、事由、文种其中的一项或两项。省略式标题有以下 3 种情况：

（1）省略发文机关

如果标题太长，可省略发文机关。如 x x 省人民政府发出《关于县级市经济管理权限的通知》，这个标题省略了发文机关"x x 省人民政府"。省略发文机关的通知标题很常见，但如果是两个及以上单位联合发文的，一般不能省略，如《中共 x x 省委、 x x 省人民政府批转<全省稳定山权林权、落实林业生产责任制试点工作座谈会议纪要>的通知》。

（2）省略发文机关和事由

如果通知发文范围很小，内容简单，甚至张贴都可以，这样的通知标题可以省略发文机关和事由，只有文种，即"通知"。例如在单位内部的会议通知、政治学习通知、简单的工作通知等。

（3）省略文种

公文的标题一般是不能省略文种的。转发性通知，有时由于被批转、转发的公文标题中已有"通知"二字，或者被批转、转发的公文标题比较长时，通知的标题一般可省略文种，即省去"通知"二字。如《x x 省人民政府转发国务院关于国营企业厂长(经理)实行任期制度的通知》。

7.1.2 正文的写法

通知的正文包括原由、事项、要求 3 部分，主体在事项部分。下面分别介绍几种通知正文的写法。

（一）"事项性通知"的写法

（1）开头部分：一般是通知的原由和目的，即说明为什么要发此通知，目的是什么。

（2）主体部分：即事项部分，把通知的具体内容列出来，把布置的工作或需要周知的事项阐述清楚，讲清目的、要求、措施、办法等。这类通知多数用于布置工作，因此也可称为"工作通知"。

（3）结尾部分：提出贯彻执行要求，如"请遵照执行"、"请认真贯彻执行"、"请研究贯彻"等，也有的通知结尾没有习惯用语。

写事项性通知，要开门见山，不能拐弯抹角。在叙述通知时，要突出重点，把主要的内容写在前面。根据需要，主要的内容可详写，次要的内容扼要交代即可。

（二）"会议通知"及"任免通知"的写法

这两种通知的内容没有事项性通知、转发性通知那么复杂，比较单一，篇幅简短。

会议通知的内容一般包括：会议名称、时间、地点、内容、参加人员、所需材料、文件等。会议通知的格式比较固定，只要把以上内容写清楚就可以。

（三）"批转通知"的写法

可以把批转通知称为"批语"，把被发布、批转的文件看做是通知的主体内容。批语表明发文机关的态度，提出贯彻执行的要求，一般起提示的作用。

 ## 7.2　实例制作详解

本范例通过为文字添加底纹、设置文本段落格式和字体样式，并为文档插入背景图片等方式来制作一份具有视觉观赏力的游泳通知，制作完成后的效果如右图所示。

🔍 **难度系数** ☑ ☑

⏰ **学习时间**　20 分钟

💻 **学习目的**　设置字体格式
设置段落格式
插入背景图片
设置图片格式

1st Day

2nd Day

3rd Day

4th Day

5th Day

6th Day

7th Day

7.2.1　新建文档

01 启动 Word 2007，选择"Office"→"新建"命令，打开"新建文档"对话框。

02 在"模板"栏中选择"空白文档和最近使用的文档"选项，接着在中间的窗格中双击"空白文档"按钮新建一个空白文档，如图 7-1 所示。

图 7-1　新建 Word 空白文件

7.2.2 输入比赛通知文字信息并保存文档

01 将光标定位到新建的文档中，输入比赛通知的各种文字信息，如图 **7-2** 所示。

02 文字信息输入完成以后，按下 **Ctrl+S** 组合键，打开"另存为"对话框，在文件名栏中输入"比赛通知"，然后单击保存位置栏右侧的下拉按钮，在弹出的下拉列表中选择保存位置，然后单击 保存(S) 按钮保存文档，如图 **7-3** 所示。

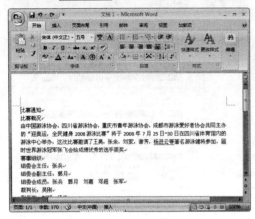
图 7-2 输入文字信息

图 7-3 "另存为"对话框

7.2.3 设置文本段落格式

01 将光标定位到"比赛概况"的行首位置，按住鼠标左键不放向下拖动鼠标直至选中整个文本，如图 **7-4** 所示。

02 单击快速访问工具栏中"段落"右侧的"显示"按钮，打开"段落"对话框，如图 **7-5** 所示。

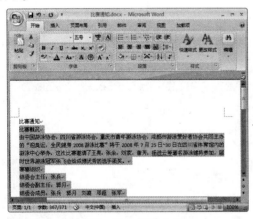
图 7-4 选中整个文本

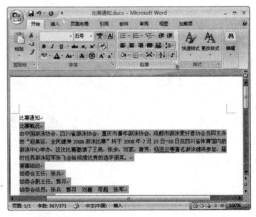
图 7-5 单击"显示"按钮

03 在"段落"对话框中的缩进和间距选项卡中设置特殊格式为"首行缩进"，磅值为"**2 磅**"，然后单击 确定 按钮，这样就将选中的段落设置为首行缩进 2 个字符了，效果如图 **7-6** 所示。

04 比赛通知的标题需要设置为居中，所以选中"比赛通知"文本，然后直接单击快速访问工具栏中段落上方的"居中"按钮 即可，将选中的段落居中的效果如图 **7-7** 所示。

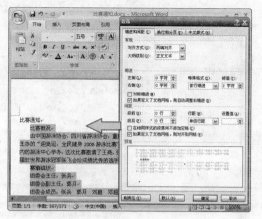

图 7-6 首行缩进效果

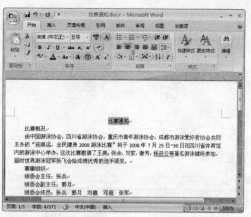

图 7-7 段落居中效果

7.2.4 设置字体样式

01 一般通知的标题需要醒目，所以需要将标题设置与正文不同的字体样式，选中"比赛通知"文本，单击快速访问工具栏中字体右侧的"显示"按钮，打开"字体"对话框，在中文字体栏的下拉列表中选择"方正大黑简体"，在字号列表框中选择"一号"，勾选"阴影"复选框，如图 7-8 所示。

02 单击 确定 按钮返回文档窗口，设置完成后的效果如图 7-9 所示。

图 7-8 设置字体

图 7-9 设置完成后的效果

03 按照前面的步骤分别将"比赛概况"、"赛事组织"、"比赛时间"、"比赛奖项"、"比赛地址"的字体样式按照下面参数设置，字体为"方正小标宋简体"，字号为"小四"，设置完成后的效果图 7-10 所示。

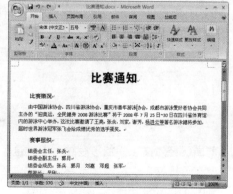

图 7-10 为其他文本设置同样的格式

7.2.5 为文本添加底纹

01 选中"比赛概况"文本，然后单击快速访问工具栏中"段落"上方的"下划线"按钮 ▦▾ 右侧的下拉按钮 ▾，在弹出的下拉列表中选择"边框和底纹"选项，打开"边框和底纹"对话框，如图 7-11 所示。

02 在"边框和底纹"对话框中单击"底纹"选项卡，单击填充框右侧的下拉按钮 ▾，在弹出的颜色列表框中选择标准色"蓝色"，如图 7-12 所示。

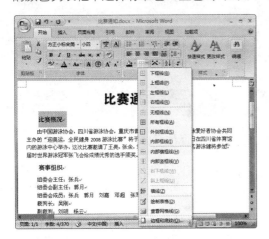
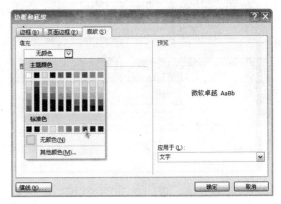

图 7-11 选择"边框和底纹"选项 | 图 7-12 "边框和底纹"对话框

03 单击 确定 按钮返回文档窗口，这时我们可以看见"比赛概况"已经添加上了蓝色的底纹，如图 7-13 所示。

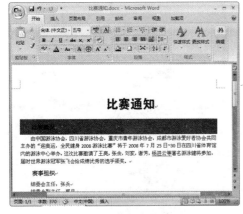

图 7-13 蓝色底纹效果

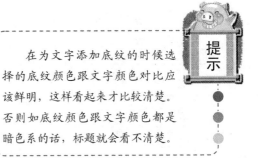

在为文字添加底纹的时候选择的底纹颜色跟文字颜色对比应该鲜明，这样看起来才比较清楚。否则如底纹颜色跟文字颜色都是暗色系的话，标题就会看不清楚。

提示

7.2.6 调整文本的间距

前面已经为文字添加了底纹，不过这个底纹看起来跟文字的尺寸不搭配，主要因为文本的间距没有设置好，现在为文字设置一个合适的间距。

01 单击快速访问工具栏中段落右侧的"显示"按钮 ▫，打开"段落"对话框，在间距选项组中将段前和段后的参数都设置为"0.2 行"，将行距设置为固定值"20"，如图 7-14 所示。

02 单击"中文版式"选项卡，在"文本对齐方式"下拉列表框中选择"居中"选项，如图 7-15 所示。

图 7-14　设置间距参数

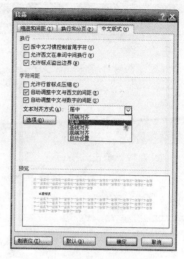

图 7-15　设置中文版式参数

1st
Day

2nd
Day

3rd
Day

4th
Day

5th
Day

6th
Day

7th
Day

03 设置完成以后单击 确定 按钮返回文档窗口，这时我们可以看见文本的底纹跟文字的尺寸相符合了，如图 7-16 所示。

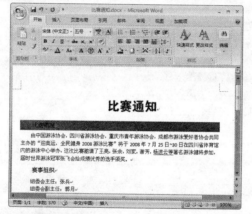

图 7-16　调节后的底纹效果

7.2.7　使用格式刷快速复制格式

现在需要将"赛事组织"、"比赛时间"、"比赛奖项"、"比赛地址"等文本格式设置成与"比赛概况"相同的格式，如果一个一个地设置格式会很浪费时间，这里可以使用格式刷 快速地设置文本格式。

01 将鼠标定位到"比赛概况"文本所在段落的任意位置处，然后单击快速访问工具栏中"剪切板"上方的"格式刷"按钮 ，如图 7-17 所示。

02 当光标形状转变为 状时，移动光标到"赛事组织"所在行位置后单击，这样就为"赛事组织"文本设置了跟"比赛概况"文本相同的格式，如图 7-18 所示。

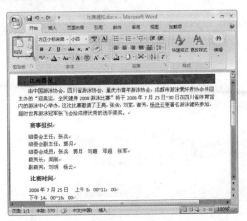
图 7-17　单击"格式刷"按钮

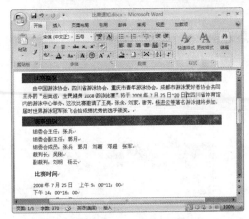
图 7-18　使用格式刷

03 按照前面的方法用格式刷为"比赛时间"、"比赛奖项"、"比赛地址"等文本设置相同的格式，如图 7-19 所示。

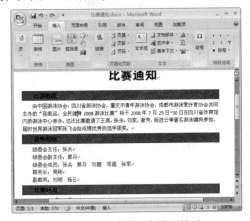
图 7-19　为其他文本设置格式

> **提示**
>
> 双击"格式刷"按钮可以连续使用格式刷，而不需要重新选择样式，要取消格式刷，再次单击"格式刷"按钮即可。

7.2.8　插入背景图片

为了使比赛通知的版面显得更加丰富，我们可以为其添加一张跟主题相关的图片。

01 单击菜单栏中的"插入"选项卡，然后在快速访问工具栏中的插图栏上方单击"图片"按钮，打开"插入图片"对话框，如图 7-20 所示。

图 7-20　"插入图片"对话框

02 在"插入图片"对话框中选择准备插入图片的存放位置，然后选中图片，单击"插入"按钮，这样就将图片插入到文档中光标所在位置处。

03 双击刚才插入的图片，在快速访问工具栏中的大小栏中设置图片高度参数为"26cm"，然后单击"文字环绕"右侧的下拉按钮，在弹出的下拉列表中选择"衬于文字下方"选项，如图 7-21 所示。

04 调整图片的位置，设置完成后的效果如图 7-22 所示。

图 7-21　设置图片格式

图 7-22　调整图片

7.2.9　其他字体样式调节

01 选中"比赛概况"文本，然后单击快速访问工具栏中的字体栏上方的字体颜色右侧的下拉按钮，打开"颜色设置"对话框，如图 7-23 所示。

02 在"颜色设置"列表框中选择主题颜色"白色"，同样的为其他文本设置不同的文本颜色，设置完成后的效果如图 7-24 所示。

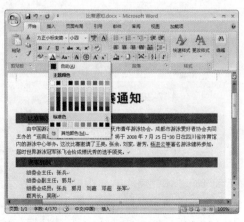

图 7-23　打开"颜色"设置列表框

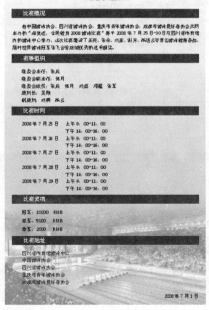

图 7-24　完成后的效果

7.3 上机实战——制作房屋租赁合同

最终效果

本例是制作一份房屋租赁合同，最终效果如右图所示。

解题思路

通过对字符字体的设置，区分标题与正文部分，并为段落设置不同的缩进。

房屋租赁合同

合同编号：_____

出租方：_____公司

承租方：_____物业有限公司
根据《中华人民共和国合同法》及有关规定，为明确出租方和承租方的义务关系，经双方协商一致，签订本合同。
第一条房屋坐落、间数、面积、房屋质量

第二条租赁期限_____

租赁期共年零月，出租方自年月日起将出租房屋交付承租方使用，至____年____月____日收回。

承租人有下列情形之一的，出租人可以终止合同、收回房屋：

1、承租人擅自将房屋转租、转让或转借的；

2、承租人利用承租房屋进行非法活动，损害公共利益的；

3、承租人拖欠租金累计达个月的。

步骤提示

01 新建一个空白文档，输入标题"房屋租赁合同"，然后选中"房屋租赁合同"文本，设置字体为"黑体三号加粗、居中对齐"，输入"合同编号："，并设置为"宋体五号、右对齐"，再在右边添加空格让其适当左移，留出编号的位置，如图 **7-25** 所示。

02 输入正文，并设置为"宋体五号、左对齐、首行缩进"，如图 **7-26** 所示。

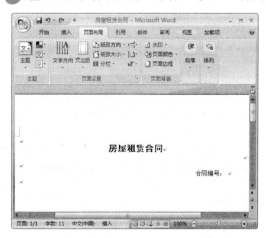

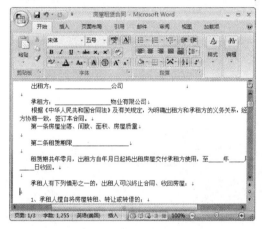

图 7-25 设置合同编号   图 7-26 设置正文

7.4 巩固与练习

本章讲解了游泳比赛通知的具体制作方法，读者通过游泳比赛通知的制作过程可以掌握文本样式的设置、图片样式的设置、格式刷的使用方法以及如何填充颜色。其中需要重点掌握的知识是文档字符和段落格式的设置方法。现在给大家准备了相关的习题进行练习，以对前面学习到的知识进行巩固。

● 练习题

　　练习为文档设置渐变背景，要设置渐变背景，可通过"填充效果"对话框中的"渐变"选项卡来完成。在该选项卡中，我们可以设置背景的渐变颜色、样式等属性。

　　为背景添加"渐变背景"的操作方法如下：

`01` 单击"页面布局"选项卡，在"页面背景"组中单击"页面颜色"按钮 。在弹出的下拉列表中，选择"填充效果"命令，打开"填充效果"对话框。

`02` 单击"渐变"选项卡，在"颜色"选项组中设置渐变背景的颜色，在"底纹样式"选项组中，选中样式前的单选按钮选择背景颜色的渐变样式，在"变形"选项组的效果预览图中选择一种需要的渐变样式，如图 7-27 所示。

`03` 单击"确定"按钮。设置的渐变背景效果如图 7-28 所示。

图 7-27　设置参数

图 7-28　设置完成后的效果

1st Day

2nd Day

3rd Day

4th Day

5th Day

6th Day

7th Day

第 **3** 天

Chapter

房地产宣传手册编排

08

▶▶ 学习内容

8.1 相关知识介绍

8.2 实例制作详解

8.3 上机实战

8.4 巩固与练习

▶▶ 学习重点

- 认识书籍出版物
- 手册排版注意事项
- 确定手册设计元素
- 宣传手册页面设置
- 制作第 1 张内页
- 制作第 2 张内页
- 为房地产宣传手册制作漂亮的封面

▶▶ 精彩实例制作展示

◀ 内页 1

◀ 内页 2

◀ 封面

8.1　相关知识介绍

本章将为读者介绍书籍出版物编排的相关知识，让读者了解书籍出版物编排的制作流程及相关要求，为后面练习实例操作打下基础。

8.1.1　认识书籍出版物

出版物分为定期出版物和不定期出版物两大类。前者分为报纸和杂志；后者以图书（包括书籍、课本、图片）为主。报纸按时间可分为日报和非日报；杂志一般有周刊、旬刊、半月刊、月刊、季刊等；书籍有封面并装订成册；图片没有封皮亦无装订。按出版者的不同，可分政府出版物、机关团体出版物和一般出版物；按发行方式、发行范围和发行对象，分为内部读物和公开出版物；按装帧方式，书籍还分为精装书和平装书。

8.1.2　手册排版注意事项

我们在编排手册时需要注意以下几点。

（1）设计元素应与企业自身风格相协调

制作手册必须根据企业自身风格、实力慎重地选择制作符合自己身份的制作物。避免让顾客产生错觉，从而产生一些负面的影响。

（2）整体排版布局应相互统一

宣传手册的设计不同于其他排版设计，要求视觉精美，在设计中尤其强调整体布局，连同内页的文字、图片、小标题等都要表现独特。经常是两页的视觉空间共为一个整体，没有界线，使前后一致、互相呼应。

（3）保持一致性

虽然有些手册的版面较小，但信息量是较大的。这样就需要将大量的信息并入到很小的版式中（基本没有留白的位置）。这种情况下必须将页面简单化，进行分栏。可以用线格去定义所要说明的区域，但不要过多使用，线条过量或线格太粗都会使页面不流畅。

8.1.3　确定手册设计元素

（1）手册的形式

首先应考虑手册的形式。这包括其尺寸大小，以及装订方式——装订还是折叠。

手册的开本有很多种，可根据制作者的意愿进行改变，但是尽可能不要浪费纸张，如果开本比较特殊，裁切纸张也需要另外指定。

（2）总体风格的确定

一份手册应该是一件有组织的视觉作品，确定其总体风格是非常重要的，这包括以下内容：手册整体色调的选择；字体的选择，包括中、英文字体；图片的整体风格。总体风格的确定需要根据不同的企业个性和产品所面对的人群特性决定，这部分设计概念应当与企业日常销售中所采取的形象符合。

（3）封面

手册的封面上通常会标明企业的名称、内容的有效时间等。这里的图片如果能体现手册中

1st Day

2nd Day

3rd Day

4th Day

5th Day

6th Day

7th Day

所包含的内容，就能让手册更加一目了然，达到很好的效果。

（4）扉页

扉页通常刊登有企业特色的评话或对企业的概括。这部分是进入正题前的一次必要的停顿，有助于顾客在认识企业产品前对企业本身有所了解。若宣传册里包含产品种类众多，则需要标上页码，并在扉页后编排一个目录，方便阅读，而不仅仅只有分类信息。

8.2 实例制作详解

本实例制作的是房地产宣传手册内页。装订式宣传手册有简洁轻快、内容精简、视觉效果强烈、色彩饱和明快等特点，因此在内容上有局限性，文字不宜过多，能有力地反映手册主要信息即可，选用的图片要具有代表性，实例效果如右图所示。

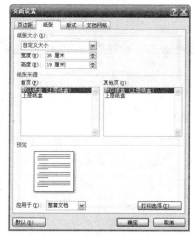

难度系数　☑ ☑ ☑

学习时间　**40 分钟**

学习目的　设置字体颜色
　　　　　编辑图片
　　　　　使用绘图工具

8.2.1 宣传手册页面设置

由于制作的是装订式的宣传册，可以将内页中的两页设想为一个整体，这样在设计布局的时候非常方便。所以在设置页面时，需要将两页的宽度加在一起设置为一整页的宽度，高度不变。单击"页面布局"选项卡，然后单击"页面设置"右侧的"打开"按钮 打开"页面设置"对话框，在该对话框中将宣传册的宽度设置为"36 厘米"，高度设置为"19 厘米"，如图 8-1 所示。

图 8-1　页面设置

8.2.2 制作第 1 张内页

宣传册最重要的一点就是需要配有精美的图片,通过图片与文字的结合说明可以将宣传手册想要表达的内容充分的展示给大众。

01 单击菜单栏中的"插入"选项卡,然后在快速访问工具栏中的插图栏上方单击"图片"按钮，打开"插入图片"对话框,如图 8-2 所示。

02 在"插入图片"对话框中选择准备插入图片的存放位置,然后选中图片,单击"插入"按钮,将图片插入到文档中光标所在位置处,如图 8-3 所示。

1st Day

2nd Day

3rd Day

4th Day

5th Day

6th Day

7th Day

图 8-2 "插入图片"对话框

图 8-3 插入图片后的效果

03 双击刚才插入的图片,在快速访问工具栏中的大小栏中将图片高度参数设置为"19 厘米",然后单击"文字环绕方式"右侧的下拉按钮，在弹出的下拉列表中选择"衬于文字下方"选项,如图 8-4 所示。

04 调整图片的顶端与页面顶端对齐,图片的右侧与页面右侧对齐,设置完成后的效果如图 8-5 所示。

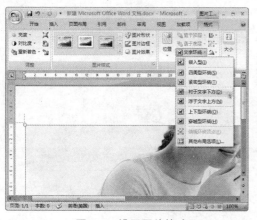

图 8-4 设置图片格式

图 8-5 调整图片

05 图片已经占据大半的页面,这时需要对图片进行裁剪,使图片的宽度为"18 厘米"。双击该图片,在快速访问工具栏中的大小栏中查看到图片宽度为"26.78 厘米",需要裁剪的宽度为"8.78 厘米"。在大小栏中单击"裁剪"按钮，这时鼠标形状转变裁剪状态，并且图片四周出现"裁剪"按钮▮，如图 8-6 所示。

06 将鼠标移动到▮按钮上，当鼠标形状转变为┓状态时，按住鼠标左键不放向页面右侧方向拖动，到合适位置后释放鼠标左键，这时图片的一部分已经被裁剪掉了，效果如图 8-7 所示。

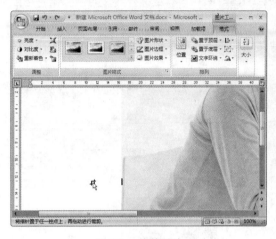

图 8-6 裁剪图片

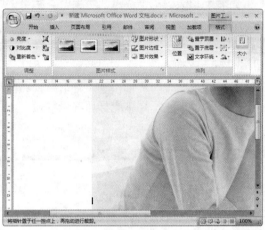

图 8-7 裁剪后的效果

07 双击图片，在快速访问工具栏中的大小栏中查看到图片宽度为"25.38 厘米"，没有达到我们需要裁剪的标准，还需要裁剪掉一部分。单击大小栏右侧的"打开"按钮，打开"大小"对话框。在"大小"对话框中的"裁剪"选项组中将"右"参数设置为"7.38 厘米"，如图 8-8 所示。

08 设置完成后可以看见图片的宽度已经被裁剪为"18 厘米"了，效果如图 8-9 所示。

图 8-8 设置裁剪参数

图 8-9 再次裁剪后的效果

09 使用鼠标点住图片不放，拖动调整图片的位置，如图 8-10 所示。

10 继续插入第 2 张、第 3 张、第 4 张图片，将它们的文字环绕方式都设置为"浮于文字上方"，并调整其位置如图 8-11 所示。

11 单击"插入"选项卡，然后在"文本"工具栏中单击"文本框"按钮▣，在弹出的下拉列表中选择"绘制文本框"选项。

图 8-10　调整图片位置

图 8-11　调整另外三张图片位置

1st
Day

2nd
Day

3rd
Day

4th
Day

5th
Day

6th
Day

7th
Day

⑫ 当鼠标转变为 ✛ 形状时，在文本编辑区按住鼠标左键拖动绘制文本框，如图 8-12 所示，绘制完成后的效果如图 8-13 所示。

图 8-12　拖动绘制文本框

图 8-13　插入的文本框效果

⑬ 将鼠标定位到绘制的文本框中，输入文字信息，完成后的效果如图 8-14 所示。

⑭ 选中"Free Life"文本，将其字体设置为"Times New Roman"，字号设置为"初号"，字体颜色设置为"水绿色"。然后选中"享受生活，回归自我"文本，将其字体设置为"方正大黑简体"，字号设置为"小二"，设置完成后的效果如图 8-15 所示。

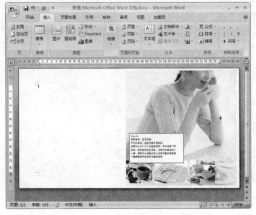

图 8-14　输入文字信息

图 8-15　设置完成后的效果

15 这时我们看见文本框并不能够完全显示出刚才的文字信息,这时需要调整文本框的大小。将鼠标移动到文本框底边上中间的蓝色控制点上,当鼠标指针变为上下双箭头状时按住鼠标左键不放向下拖动文本框边框,调整边框后的效果如图 8-16 所示。

16 双击文本框,在"文本框样式"工具栏中单击"形状填充"按钮 🖌 ,在弹出的下拉列表中选择"无填充颜色"命令,如图 8-17 所示;接着在"文本框样式"工具栏中单击"形状轮廓"按钮 📝 ,在弹出的下拉列表中选择"无轮廓"命令,如图 8-18 所示。

图 8-16 调整边框后的效果

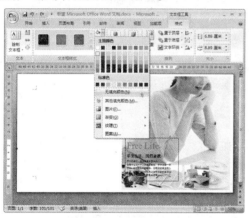

图 8-17 选择"无填充颜色"命令

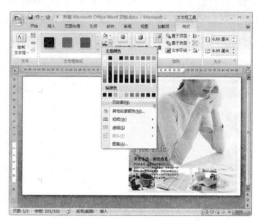

图 8-18 选择"无轮廓"命令

17 使用鼠标拖动调整文本框的位置,调整后的效果如图 8-19 所示。

18 下面开始制作左边的页面,单击菜单栏中的"插入"选项卡,然后在快速访问工具栏中的插图栏上方单击"图片"按钮 🖼 ,打开"插入图片"对话框,在"插入图片"对话框中选择准备插入图片的存放位置,然后选中图片,单击"插入"按钮,将图片插入到文档中光标所在位置处,如图 8-20 所示。

图 8-19 调整后的效果

图 8-20 插入图片

19 双击插入的图片，在"大小"工具栏中设置图片的宽度为"16 厘米"，并将其文字环绕方式设置为"衬于文字下方"，调整其位置，效果如图 8-21 所示。

20 在左边的页面中插入一个横排文本框并输入文字信息，效果如图 8-22 所示。

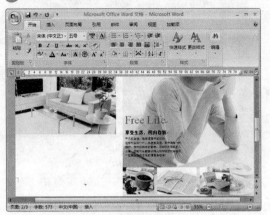

图 8-21　调整图片位置

图 8-22　插入文本框并输入文字

1st Day
2nd Day
3rd Day
4th Day
5th Day
6th Day
7th Day

21 选中"VIP 级别享受，白领部落"文本，设置其中文字体为"方正小标宋简体"，英文字体为"Times New Roman"，字体颜色为"绿色"，字号为"一号"并调整文本框的位置，如图 8-23 所示。

22 然后在下面插入 3 张图片，并设置图片属性为"浮于文字下方"，高度设置为"4 厘米"，并调整位置，效果如图 8-24 所示。

图 8-23　设置文字格式

图 8-24　设置图片格式

8.2.3　制作第 2 张内页

通过前面的制作就完成了内页的第 1 部分，下面接着制作第 2 部分。

01 将光标定位到文档中，然后单击"插入"选项卡，接着单击"页"工具栏中的"分页"按钮，插入一张新的页面，如图 8-25 所示。

02 单击菜单栏中的"插入"选项卡，然后在快速访问工具栏中的插图栏上方单击"图片"按钮，打开"插入图片"对话框，在"插入图片"对话框中选择准备插入图片的存放位置，然后选中图片，单击"插入"按钮，将图片插入到文档中光标所在位置处，如图 8-26 所示。

图 8-25　插入新页面

图 8-26　插入图片后的效果

03 双击图片，在"大小"工具栏中设置图片的高度为"**19 厘米**"，然后利用裁剪工具将多余的部分裁剪掉。然后在"排列"工具栏中设置文字环绕方式为"衬于文字下方"，利用鼠标拖动调整图片在页面中的位置，设置完成后的效果如图 **8-27** 所示。

04 在图片的右上角插入一个横排文本框并输入"**NO1**"和"**The best**"文本，接着在页面的左下角输入其他的说明文字，效果如图 **8-28** 所示。

图 8-27　调整图片位置

图 8-28　输入文字

05 选中"**NO1**"与"**The best**"，设置英文字体为"Impact"，字号为"初号"，字体颜色为"绿色"；选中"最佳选择"和"解析白领花园投资价值"，设置中文字体为"方正大黑简体"，字号为"小二"，字体颜色为"白色"；调整文本框的位置，效果如图 **8-29** 所示。

图 8-29　设置文字格式并调整位置

06 单击"插入"选项卡,在"插图"工具栏中单击"形状"按钮 🔳,在弹出的下拉列表中选择"基本形状"下的"矩形"选项,如图 8-30 所示。

07 当鼠标指针转变为 ✛ 状态时,按住鼠标左键不放在页面右下方拖动绘制一个矩形,如图 8-31 所示。

图 8-30 选择图形

图 8-31 绘制矩形

08 双击刚才绘制的矩形,在"形状样式"工具栏中单击"形状填充"按钮 🔳,在弹出的下拉列表中选择"绿色";然后单击"形状轮廓"按钮 🔳,在弹出的下拉列表中选择"无轮廓"选项,设置完成后的效果如图 8-32 所示。

09 继续插入另外 3 张图片,然后分别设置图片格式以及调整图片的位置,完成后的效果图 8-33 所示。

图 8-32 设置矩形的填充色与轮廓

图 8-33 插入图片并调整位置

10 在右上角的图片右侧绘制一个矩形,设置"形状填充"为"绿色","形状轮廓"为"无轮廓"。然后在绘制的矩形上面插入一个竖排矩形框,并输入文本"白领花园路线指示图",将字体颜色设置为"白色",字号设置为"三号",设置完成后的效果如图 8-34 所示。

11 在页面左侧的空白处输入文字信息,选中"DISTRICT",设置字体为"Times New Roman",字号为"初号",颜色为"绿色";选中"第六大道步行街",设置字体为"方正大黑简体",字号为"小一",设置完成后的效果如图 8-35 所示。

1st Day

2nd Day

3rd Day

4th Day

5th Day

6th Day

7th Day

图 8-34　插入文字并绘制底色

图 8-35　设置文字格式

⑫选择 "Office" → "另存为" → "Word 文档" 命令，如图 8-36 所示，在打开的 "另存为" 对话框中将文件名改为 "房产宣传手册"，如图 8-37 所示，然后单击 保存(S) 按钮即可。

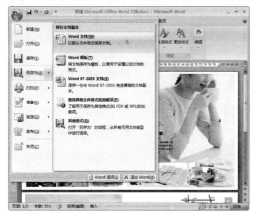
图 8-36　执行菜单命令

图 8-37　保存文档

8.2.4　为房地产宣传手册制作漂亮的封面

前面已经完成了内页部分的制作，下面为房地产宣传手册制作一个漂亮的封面。

①打开 "房产宣传手册" 文档，然后将光标定位到文档的第 1 个页面中，单击 "插入" 选项卡，接着单击 "页" 工具栏中的 "分页" 按钮，插入一张新的页面，如图 8-38 所示。

图 8-38　插入一张新页面

02 单击菜单栏中的"插入"选项卡，然后在快速访问工具栏中的插图栏上方单击"图片"按钮，打开"插入图片"对话框，在"插入图片"对话框中选择准备插入图片的存放位置，然后选中图片，单击"插入"按钮将图片插入到文档中光标所在位置处，如图 8-39 所示。

03 双击该图片，在"大小"工具栏中设置其宽度为"16 厘米"，并设置其文字环绕方式为"衬于文字下方"，然后调整图片的位置如图 8-40 所示。

图 8-39　插入图片

图 8-40　调整图片的位置

1st Day

2nd Day

3rd Day

4th Day

5th Day

6th Day

7th Day

04 在左边的页面中插入一个横排文本框并输入文字信息，效果如图 8-41 所示。

05 选中"森林别墅，拥有自己的园林"文本，设置其中文字体为"方正细圆简体"，字号为"小二"，字体颜色为"绿色"，设置完成后调整文本框的位置，效果如图 8-42 所示。

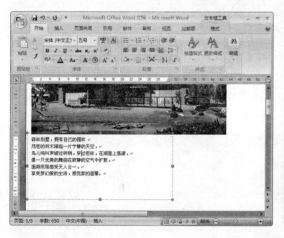

图 8-41　插入文本框并输入文字信息

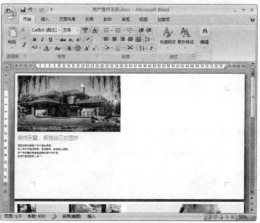

图 8-42　调整文本框位置

06 插入另外一张图片，设置其高度为"3.5 厘米"，并设置其文字环绕方式为"衬于文字下方"，然后调整图片的位置如图 8-43 所示。

07 在刚才插入的图片右侧插入一个横排文本框并输入文字信息，设置文本格式并调整文本框位置，效果如图 8-44 所示。

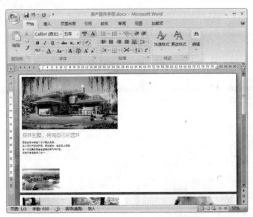

图 8-43　插入图片并调整位置

图 8-44　输入文字

08 单击"插入"选项卡，在"插图"工具栏中单击"形状"按钮，在打开的下拉列表中选择"直线"按钮，在文档中拖动绘制直线，效果如图 8-45 所示。

09 接着绘制另外一条直线，并在"形状样式"工具栏中单击"形状轮廓"按钮，在下拉列表中选择"浅蓝色"，设置完成后的效果如图 8-46 所示。

图 8-45　绘制直线

图 8-46　设置线条颜色

10 插入一张房地产图标，调整图标的位置，然后在图标下面输入说明文字，设置完成后的效果如图 8-47 所示。

图 8-47　插入图标并输入文字

提示

这里插入的房地产图标是之前在 CorelDRAW 中制作好的，在这里直接插入即可，我们也可以利用形状工具在 Word 中绘制简单的图标。

⓫ 插入另外一张图片，通过设置文本环绕方式为"衬于文字下方"，调整图片位置，设置完成后的效果如图 8-48 所示。

⓬ 在右边的页面中插入一个"竖排文本框"，并在文本框中输入"白领公园"文本，设置文本的字体为"方正细珊瑚简体"，字号为"初号"，颜色为"绿色"；接着继续插入一个横排文本框，输入 "bailinggongyuan" 文本，设置文字的字体为"Calibri"，字号为"一号"，设置完成后的效果如图 8-49 所示。

 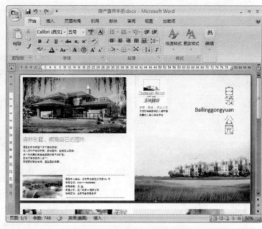

图 8-48　插入图片并调整位置　　　　图 8-49　设置文本格式

到此封面的制作就完成了，读者还可以自己添加更多的页面以及更加丰富的内容。

8.3　上机实战——制作公司宣传手册

最终效果

本例是制作一份公司宣传手册，最终效果如右图所示。

解题思路

本实例制作的是两折页式的宣传册。折页式的宣传册具有简洁轻快、内容精简、视觉效果强烈等特点，因此在内容上有局限性。

1st Day

2nd Day

3rd Day

4th Day

5th Day

6th Day

7th Day

步骤提示

01 由于这里制作的是两折页式的宣传册，内页中的两页是一个整体、没有界线，所以在设置页面时，需要将两页的宽度加在一起设置为一页的宽度，高度不变。打开"页面设置"对话框，在该对话框中将宣传册的宽度设置为"**19 厘米**"，宽度设置为"**36 厘米**"。

02 单击"插入"选项卡，在"文本"工具栏中单击"艺术字"按钮，在打开的菜单中选择一种艺术字样式后，单击"确定"按钮确认选择，在打开的"编辑艺术字文字"对话框中，输入文本"幽兰别苑"，结合形状绘制标志，设置完成后的效果如图 8-50 所示。

03 将图片设置为"浮于文字"上方，然后通过"调节图片旋转"按钮 🔍，设置图片的旋转角度，如图 8-51 所示。

图 8-50　制作标志　　　　　　　　　　　　图 8-51　旋转图片

8.4　巩固与练习

本章主要讲解了宣传手册的制作方法，其主要内容包括文本格式设置、文本框的使用方法、形状工具的使用方法、排版布局的思路等知识。现在给大家准备了相关的习题进行练习，以对前面学习到的知识进行巩固。

● 练习题

制作一份商业宣传单，如图 8-52 所示。

图 8-52　商业宣传单

制作求职简历 ▮━━━━━

▶▶ 学习内容

9.1 相关知识介绍
9.2 实例制作详解
9.3 上机实战
9.4 巩固与练习

▶▶ 学习重点

● 求职简历的组成
● 求职简历的排版
● "个人简历"封面
● 制作简历内文版式
● 输入寄语、自荐信
● 制作个人简历表
● 制作尾声及附件
● 双面打印并装订简历

▶▶ 精彩实例制作展示

◀ 封面

◀ 简历表格

◀ 封面

9.1 相关知识介绍

　　求职简历的主要目的是展示求职者的自身能力，力求给对方留下一个良好而深刻的印象。一份好的求职简历，既要讲究版面的美观，也要强调内容的充实。

9.1.1 求职简历的组成

1．简历封面

　　与杂志、书籍一样，一份完整的简历也应该有封面。在封面上应写明求职者的姓名、毕业院校、所学专业、应聘职位、联系电话等基本信息，这样有助于用人单位查看个人信息，并方便以后联系。图 9-1 所示为"求职简历"的封面设计。

2．寄语

　　寄语应该出现在简历的第 2 页，内容上没有特定的要求，是求职者对用人单位领导的一句问候、一份期望！例文如下所示。

> 尊敬的领导：
>
> 　　您好！非常感谢您在百忙之中抽空阅读我的简历，希望它不会给您造成千篇一律的印象，并且能够有助您在激烈的市场竞争与知识经济的大潮中寻求到综合型的跨世纪人才。
>
> 　　敬请留意后面的内容，相信您一定不会失望。
>
> 谢谢！

3．自荐信

　　自荐信是求职者与用人单位心灵的对话，其中包括了求职意向、个人基本信息、特长及爱好等。例文如下所示。

> 自荐书
>
> 尊敬的公司领导：
>
> 您好！
>
> 　　我叫杨柳，今年 27 岁，来自 XX 省，是 XX 大学的应届毕业生，今天我怀着平静而激动的心情呈上这份自荐书。
>
> 　　我的专业是美术，在校期间，……
>
> 　　我热切期望我的经历能够打动您，并能获得在贵企业工作的机会，如果我有幸能与您共事，我会用行动来证明自己的价值。
>
> 　　最后忠心祝愿贵公司生意兴隆！
>
> 　　此致
>
> 　　　　敬礼
>
> 自荐人：杨柳
> 2009 年 8 月 8 日

　　自荐信一般只用 1 页纸，通常占页面一半左右的篇幅；自荐信可以用传统方式，，即自荐人姓名和日期以及结尾和签名放在右边。

4．个人简历

　　个人简历是一份简历的主题部分，应该反映出求职者的个人基本信息、工作经历、个人特长、薪金要求和所得奖励等资料。它可以由表格或段落的形式表现，结构必须清晰完整。为避免层次不清、表格凌乱等情况，也可以制作别具风格的个人简历，如图 9-2 所示。

图 9-1　求职简历封面

图 9-2　个人简历表

1st Day

2nd Day

3rd Day

4th Day

5th Day

6th Day

7th Day

5. 尾声

顾名思义，尾声即是简历中最后出现的内容，是求职者为使单位领导对它加深记忆的几句话。在该段内容中应表现出求职者满怀抱负、奋发向上的精神。

6. 附件

除了前面介绍的内容外，简历中还可以将身份证、毕业证书、获奖证书等复印件作为附件，放在简历的最后面。

9.1.2　求职简历的排版

在简历排版上，要坚决杜绝错别字，左右两边留出足够空间，不能排得太满，字号通常使用 12 号左右的字，使用的字体不要太多，正文的中文字体宜选用"宋体"，英文字体宜选用"Times New Roman"，纸质材料用一般的白色打印纸。

（1）简历整体布局

首先整理好相关资料，确定简历需要包括的内容及出现的先后顺序。

（2）封面和简历正文的版式设计

简历封面和正文的设计风格应保持一致，可选用一些赋有朝气的剪贴画或图片安排在封面，这样不仅能美化版面，还增强了简历的可阅读性。

（3）正文格式

标题主要选用"黑体"，文本正文的主要字体选用"宋体"和"Times New Roman"，称呼要顶格，内容要首行缩进 2 个字符，姓名和日期靠右对齐，也就是采用最基本的文书格式。

（4）表格格式

表格有清晰明了、便于阅读的特点，因此常使用表格编辑个人简历页面。在这种表格中，姓名必须放在第一格，在页面的右上角应空出一寸照片放置的位置。整体居中显示并占满整个页面为宜，表格内文字常使用"宋体"、"五号"字，行内字数相差不太多的情况，应统一它们的行距。

9.2 实例制作详解

本实例制作的是"个人简历",在制作个人简历的时候,通常需要通过图片、文字和几种基本形状的搭配,这样能够极大地增强版式的视觉冲击力。实例效果如右图所示。

- 🔍 **难度系数** ☑ ☑ ☑
- ⏰ **学习时间** **40** 分钟
- 📘 **学习目的** 绘制形状
  插入表格
  设置表格样式

9.2.1 "个人简历"封面

"个人简历"封面要求制作精美,具有较强视觉冲击力,这样能给阅读的人留下深刻的印象,所以我们在制作"个人简历"封面的时候注意要图片搭配文字,具体操作步骤如下。

01 启动 Word 2007,单击"页面布局"选项卡,然后单击"页面设置"右侧的打开按钮 🔲 打开"页面设置"对话框,在该对话框中设置页边距参数为:上"3 厘米"、下"2 厘米"、左"2 厘米"、右"2 厘米",如图 9-3 所示;接着单击"纸张"选项卡,在"纸张大小"下拉列表中选择"自定义大小",将"宽度"值修改为"19.0 厘米",将"高度"值修改为"26.6 厘米",如图 9-4 所示。

图 9-3 设置"页边距"参数

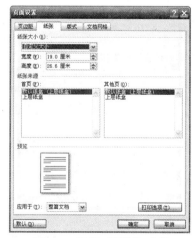

图 9-4 设置"纸张"参数

02 单击"确定"按钮返回文档窗口,这时可以看见文档页面大小已经改变,如图 9-5 所示。

03 单击"插入"选项卡,在"插图"工具栏中单击"形状"按钮 🔲 ,在弹出的列表框中选择

"基本形状"选项组中的"矩形"选项,如图 9-6 所示。

图 9-5 修改页面参数后的效果

图 9-6 选择"矩形"选项

04 返回文档窗口,在文档页面中按住鼠标左键不放拖动绘制一个矩形,如图 9-7 所示。

05 选中刚才绘制的矩形并右击,在弹出的快捷菜单中选择"设置自选图形格式(0)..."命令,在打开的"设置自选图形格式"对话框中设置高度的绝对值为"30 厘米",设置宽度的绝对值为"5 厘米",如图 9-8 所示。

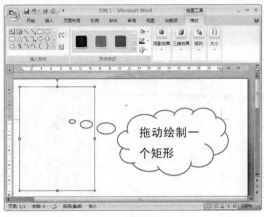

图 9-7 绘制矩形

图 9-8 设置参数

06 单击"颜色与线条"选项卡,在"填充"选项组中单击"填充效果"按钮 填充效果(F)... ,在打开的"填充效果"对话框中单击"图案"选项卡,在"图案"选项组中选择一种图案 ,并设置"前景"为"橙色,强调文字颜色 6,深色 40%","背景"为"白色,背景色 1",如图 9-9 所示。

07 单击"确定"按钮返回文档窗口,可以看见刚才绘制的矩形已经改变了大小和填充颜色,如图 9-10 所示。

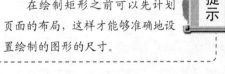

提示

在绘制矩形之前可以先计划页面的布局,这样才能够准确地设置绘制的图形的尺寸。

08 接着绘制第 2 个矩形,并设置矩形高度的绝对值为"30 厘米",宽度的绝对值为"14 厘米",填充颜色为"橙色,强调文字颜色 6,深色 60%",单击"确定"按钮确认设置返回文档窗口,绘制完成后的矩形效果如图 9-11 所示。

09 继续绘制第 3 个矩形,并设置矩形高度的绝对值为"2.8 厘米",宽度的绝对值为"2.8 厘米",填充颜色为"橙色,强调文字颜色 6,深色 60%",透明度设置为"60%",线条颜色设置为"白色,背景 1",如图 9-12 所示。

1st Day

2nd Day

3rd Day

4th Day

5th Day

6th Day

7th Day

图9-9 设置填充效果

图9-10 设置完成后的效果

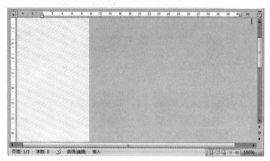

图9-11 绘制右侧的矩形

图9-12 设置第3个矩形参数

⑩ 单击"确定"按钮返回文档窗口，使用鼠标点住矩形框拖动调整其位置，完成后的矩形效果如图9-13所示。

⑪ 单击刚才绘制的小矩形，同时按住键盘上面的 Ctrl 键，拖动矩形，这样就可以复制一个小矩形，设置复制的矩形的透明度为"20%"，完成后的矩形效果如图9-14所示。

图9-13 绘制的小矩形

⑫ 按照前面的方法继续绘制出其余几个小矩形，并调整它们的位置，完成后的效果图9-15所示。

⑬ 单击"插入"选项卡，然后在"插图"工具栏中单击"图片"按钮，在打开的"插入图片"对话框中选择一张图片，如图9-16所示。

⑭ 单击"确定"按钮返回文档窗口，可以看见刚才选择的图片已经插入到文档中，如图9-17所示。

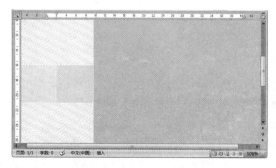

图9-14 绘制另外一个小矩形

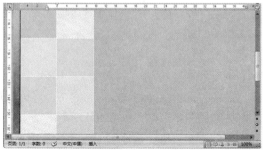

图9-15 绘制其他的小矩形

图 9-16　选择图片

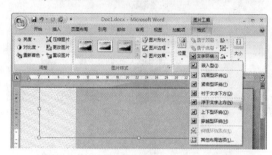

图 9-17　插入到文档中的效果

1ˢᵗ Day

2ⁿᵈ Day

3ʳᵈ Day

4ᵗʰ Day

5ᵗʰ Day

6ᵗʰ Day

7ᵗʰ Day

⑮ 在"排列"工具栏中单击"文字环绕"右侧的倒三角按钮,在弹出的下拉列表中选择"浮于文字上方"选项,如图 9-18 所示。

图 9-18　选择"浮于文字上方"选项

⑯ 返回文档窗口,调整图片的位置,如图 9-19 所示。

⑰ 单击"插入"选项卡,在"文本"工具栏中单击"文本框"按钮 A ,在弹出的下拉列表中选择"绘制文本框"选项,接着在页面中按住鼠标左键不放拖动绘制一个文本框,并在文本框中输入文本"个人简历",如图 9-20 所示。

图 9-19　调整图片的位置

图 9-20　插入文本框并输入文本

⑱ 选中"个人简历"文本,然后单击"开始"选项组,在"字体"工具栏中选择"方正大黑简体",字号为"初号",字体颜色为"白色"。然后双击文本框,在"文本框样式"工具栏中单击 ◇ · 按钮右侧的倒三角形按钮,在弹出的下拉列表中选择"无填充颜色",接着单击 ✎ · 按钮右侧的倒三角形按钮,在弹出的下拉列表中选择"无填充颜色",设置完成后的效果如图 9-21 所示。

⑲ 在"个人简历"文本下方绘制一条白色的直线和一个白色矩形框,位置如图 9-22 所示。

⑳ 在页面中插入一个文本框,输入文本"My resume",将字体颜色设置为"白色",并将"My"的字号设置为"三号","resume"的字号设置为"五号",最后将这个文本框放到如图 9-23 所示位置处。

㉑ 在下方页面中插入一个文本框,输入"姓名"、"专业","毕业院校"、"求职意向"、"联系电话"等信息,如图 9-24 所示,这样就完成了个人简历封面的设计。

图 9-21　设置文本框属性

图 9-22　绘制图形

图 9-23　输入英文并设置字符参数

图 9-24　输入其他文字信息

9.2.2　制作简历内文版式

通常内文版式应与封面设计相协调，使整个布局相互统一。为了满足这些要求，可以在"页眉/页脚"处添加一些与封面相协调的图形和文字。下面我们来制作简历的内文版式，具体操作步骤如下。

01 由于第 1 页为封面，则后面制作的内页版式内容不应该同时出现在封面上，所以打开"页面设置"对话框，选择"版式"选项卡，然后勾选"奇偶页不同"和"首页不同"复选框，这样可以使简历封面、寄语和个人简历表等内容在版式上区分开。

02 将光标定位到封面的最后一段文本后面，单击"插入"选项卡，然后在"页"工具栏中单击"分页"按钮，插入一个新的页面，如图 9-25 所示。

03 将鼠标移动至页眉位置处，然后双击打开"页眉和页脚工具"，如图 9-26 所示。

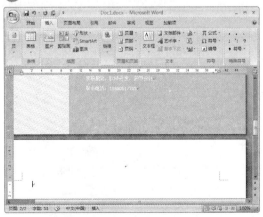

图 9-25　插入一个新的页面

图 9-26　打开"页眉和页脚工具"

04 将鼠标定位到页眉位置处，单击"插入"选项卡，在"插图"工具栏中单击"图片"按钮，在打开的"插入图片"对话框中选择一张图片，如图 9-27 所示。

05 单击"确定"按钮插入图片，接着选中插入的图片，单击"格式"选项卡，在大小栏设置"形状宽度"值为"20 厘米"，设置完成后的页面效果，如图 9-28 所示。

图 9-27　选择页眉需要的图片

图 9-28　插入图片后的效果

06 将鼠标定位到页脚位置处，单击"插入"选项卡，在"页眉和页脚"工具栏中单击"页码"按钮，在弹出的下拉菜单中选择"当前位置"命令，然后在弹出的下级菜单中选择"普通数字"命令，如图 9-29 所示。

07 返回文档窗口，可以看见在页脚位置处已经插入了一个页码数字，如图 9-30 所示。

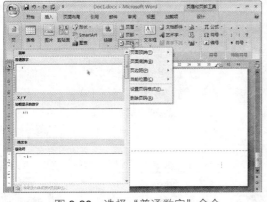

图 9-29　选择"普通数字"命令

图 9-30　插入页码

08 在"插入"工具栏中单击"图片"按钮，在打开的"插入图片"对话框中选择页脚图片，如图 9-31 所示。

图 9-31　选择页脚需要的图片

09 单击"确定"按钮插入图片，接着选中插入的图片，单击"格式"选项卡，在大小栏设置"形状宽度"值为"20 厘米"，并设置其"叠放次序"为"置于文字下方"，设置完成后的页面

1st Day
2nd Day
3rd Day
4th Day
5th Day
6th Day
7th Day

效果如图 9-32 所示。

10 按照前面的步骤制作奇数页的页眉和页脚，完成后的效果如图 9-33 所示。

图 9-32　完成后的页面效果　　　　　图 9-33　完成后的奇偶页面效果

9.2.3　输入寄语、自荐信

寄语和自荐信应该以文本的方式出现，最好是分成两页显示，这样才能层次分明。

01 输入"寄语"页中的文本内容，完成后的文档效果如图 9-34 所示。

图 9-34　输入内容

02 选中"寄语"文本，将其字体设置为"华文行楷"，字号为"初号"，然后单击"开始"选项卡，在"段落"工具栏中单击"右对齐"按钮 ；接着单击"段落"右侧的 按钮，打开"段落"对话框，将右缩进设置为"2 字符"，段前距离设置为"4 行"，段后距离设置为"2 行"，参数设置如图 9-35 所示。

03 选中"尊敬的主管领导……致谢！"之间的所有段落，将其字号设置为"小四"；打开"段落"对话框，参数设置如图 9-36 所示。

> 在选择段落的时候，可以将光标定位到需要选择的所有段落的开始处，然后按住 Shift 键，同时单击需要选择的段落的结束位置，即可选中段落。

图 9-35　设置"寄语"文本

图 9-36　参数设置

04 单独选中"尊敬的主管领导:"段落,取消它的"首行缩进"设置。然后选中最后两个段落,设置字号为"小四",段前距离为"0.5 行",左缩进"36 字符",行距为"1.5 倍行距",完成后的"寄语"页面后的效果如图 9-37 所示。

05 "自荐信"页面的格式设置方法与"寄语"页面类似,完成后的效果如图 9-38 所示。

图 9-37 完成后的"寄语"页面

图 9-38 完成后的"自荐信"页面

9.2.4 制作个人简历表

个人简历表是一份简历的主题部分,因此这里包括的内容应全面、具体和真实。

01 在第 4 个页面的第 1 行输入文字"个人简历表",将其的字体设置为"黑体",字号为"1 号",并设置段落对齐方式为"居中"。

02 单击"插入"选项卡,在"表格"工具栏中单击"表格"按钮,在弹出的下拉列表中选择"插入表格"选项,在"插入表格"对话框中设置列数为"2",行数为"23",如图 9-39 所示。

03 单击"确定"按钮,这样就在文档中光标位置处插入了一个 2 列、23 行的表格,如图 9-40 所示。

图 9-39 设置表格参数

图 9-40 插入表格后的效果

04 将光标定位到表格的第 1 个单元格中,按住鼠标左键往右拖动选中第 1 行中的两个单元格,然后右击,在弹出的菜单中选择"合并单元格"选项,如图 9-41 所示。

05 按照前面的步骤将其他需要合并的单元格都合并起来,修改后的表格如图 9-42 所示。

1st Day

2nd Day

3rd Day

4th Day

5th Day

6th Day

7th Day

图 9-41　选择"合并单元格"选项

图 9-42　修改后的表格

06 单击"插入"选项卡，在"表格"工具栏中单击"表格"按钮，在弹出的下拉列表中选择"绘制表格"选项，当鼠标变为形状时，在需要绘制表格的地方按住鼠标左键拖动即可绘制表格线，如图 9-43 所示。

07 松开鼠标左键，这样就可以完成表格的绘制，按照前面的方法合并刚才绘制的单元格，用来插入个人照片，如图 9-44 所示。

08 在表格中输入个人基本信息并插入本人的一寸免冠照片（插入图片的方法与在文本中插入图片的方法一样），如图 9-45 所示。

图 9-43　添加表格内容

图 9-44　合并单元格后的效果

图 9-45　填充表格

09 选中第 1 行单元格右击，在弹出的菜单中选择"边框和底纹"选项，在打开的"边框和底纹"对话框中单击"底纹"标签，在"填充"下拉列表框中选择一种颜色，如图 9-46 所示。

10 单击"确定"按钮返回文档窗口，可以看见选中的单元格已经填充了颜色，如图 9-47 所示。

11 按照前面的方法为其他单元格添加"边框和底纹"效果，如图 9-48 所示。

12 最后为单元格中的字符设置对应的格式，完成后的个人简历表如图 9-49 所示。

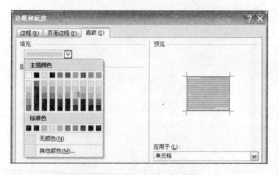

图 9-46　设置边框和底纹

图 9-47　添加底色后的效果

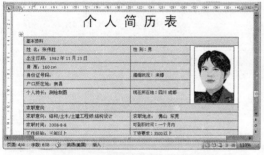

图 9-48　设置其他单元格格式

图 9-49　设置字符格式

1st Day

2nd Day

3rd Day

4th Day

5th Day

6th Day

7th Day

9.2.5　制作尾声及附件

尾声及附件的格式设置方法与前面设置"寄语"以及"自荐信"的方法相同，用户可以试着自己完成。

9.2.6　双面打印并装订简历

在打印文档前，最好先预览一下打印效果，以避免乱码、打印不完整等情况发生。在确认无误后，即可执行"打印"命令。

01 首先连接打印机并放入 **A4** 打印纸，然后单击"**Office**"按钮，在弹出的下拉菜单中选择"打印"命令，在弹出的下级菜单中选择"打印"选项，如图 9-50 所示。

02 打开"打印"对话框，在"打印"下拉列表框中选择"奇数页"选项，单击"确定"按钮即可开始打印，如图 9-51 所示。

03 在"奇数页"打印完成后，将打印出来的 A4 纸水平翻转，打开"打印"对话框，在"打印"下拉列表框中选择"偶数页"选项，单击"确定"按钮完成打印。

图 9-50　执行"打印"命令

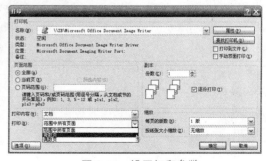

图 9-51　设置打印参数

04 把简历全部内容打印出来后就可以装订了。

9.3 上机实战——制作求职简历

最终效果

本例是制作一份个人求职简历，最终效果如右图所示。

解题思路

通过 Word 2007 自带的图片处理功能为图片设置不同的效果，并配合艺术字的使用，让这份求职简历的版面内容更加丰富。

步骤提示

01 通过使用"形状工具"制作特殊的文字，并通过字体的变化来使文字更具艺术魅力，效果如图 9-52 所示。

02 通过为文本添加底纹，让整个页面看起来内容更加丰富，使用文本框旋转变化文字的方向，效果如图 9-53 所示。

图 9-52 简历首页

图 9-53 简历内页

9.4 巩固与练习

本章主要介绍了简历的制作方法，包括封面的设计和制作、正文的格式设置以及排版等。学习完本章后，读者会对简历的制作方法有全面的了解。现在给大家准备了相关的习题进行练习，以对前面学习到的知识进行巩固。

练习题

制作一份简历，其封面和正文效果如右图所示。

第 **4** 天

Chapter
Excel 基本操作入门 ■— **10**

▶▶ 学习重点

- 添加与删除工作表
- 重命名工作表
- 在单元格中输入数据
- 设置单元格边框
- 设置单元格背景图案
- 认识常用函数
- 函数的引用
- 图表的类型和作用
- 添加数据元素
- 使用文本注释

▶▶ 精彩实例效果展示

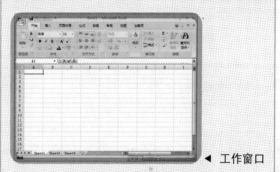

◀ 工作窗口

◀ 表格

◀ 图表

7 天学会电脑办公

10.1 认识 Excel 2007 的工作窗口

第 1 次启动 Excel 2007 时，会打开一个空的工作簿，如图 10-1 所示，该工作簿窗口的中央为工作表，其中黑框为等待输入数据的单元格，工作表的底部为工作表标签。在默认情况下，每个工作簿中将包含 3 个工作表。

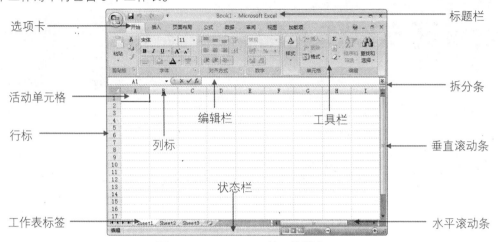

图 10-1　Excel 2007 的工作簿窗口

中文版 Excel 2007 的窗口由 7 个单元组成，除了标题栏、选项卡、工具栏、状态栏和编辑栏外，还包括"Office"按钮和工作簿窗口。

（1）标题栏

显示该工作簿的名称，右边依次是"最小化"、"最大/还原"和"关闭"按钮。

（2）编辑栏

Excel 2007 的编辑栏，用于输入和修改工作表数据。 在工作表中的某个单元格输入数据时，编辑栏中会显示相应的属性选项。按 Enter 键或单击编辑栏上的"输入"按钮 ✓，输入的数据便插入到当前的单元格中；如果需要取消正在输入的数据，可以单击编辑栏上的"取消"按钮 ✗ 或按 Esc 键。

编辑栏左边标记的是当前活动单元格，如 [　　　A1　　　 ✗ | fx 工资表格] 表示当前活动的单元格为 A1，单元格 A1 输入的内容为"工资表格"。

（3）行标与列标

用来表示单元格的位置，如 A1 表示该单元格位于第 1 行和第 A 列。每个工作表可分为 1048576 行和 16384 列。

（4）活动单元格

表示当前正在操作的单元格，由白底黑边框标记。

（5）拆分条

分为水平拆分条和垂直拆分条，用来分割窗口。水平拆分条和垂直拆分条分别在水平方向和垂直方向分割窗口。

（6）滚动条

分为垂直滚动条和水平滚动条。单击滚动条上的上、下、左、右箭头按钮，可以使工作表内容上、下、左、右移动。

（7）工作表标签

工作表由不同的工作表标签来标记。工作表标签位于工作簿窗口底部，标签的默认名称为"Sheet1"、"Sheet2"和"Sheet3"。

10.2　工作簿的基本操作

用 Excel 软件编辑的文件称为工作簿，一个工作簿是由多张工作表组成的，一个工作表中又含有若干个单元格，在操作 Excel 2007 之前，需要了解单元格、工作表、工作簿 3 者之间的关系。

工作簿是处理和存储数据的文件，每个工作簿可以包含多张工作表，每张工作表可以存储不同类型的数据，因此可在一个工作簿文件中管理多种类型的相关信息。默认情况下启动 Excel 2007 时，系统会自动生成一个包含 3 个工作表的工作簿。在工作簿中可进行的操作主要有以下两个方面。

（1）利用工作簿底部的 4 个标签滚动按钮，可以对同一个工作簿中的不同工作表进行切换。单击中间两个按钮每次只能沿指定方向前进或后退一个工作表，而单击位于左右两端的两个按钮，则可以直接切换到工作簿的第一个或最后一个工作表。

（2）利用工作簿底部的工作表标签，可以进行工作表之间的切换。单击工作表标签，进行工作表的选取或切换。例如，单击 Sheet3，则直接从 Sheet1 表切换到 Sheet3，使 Sheet3 成为当前工作表。

10.2.1　新建工作簿

在启动 Excel 2007 时，系统会自动创建一个新的工作簿。在实际工作中如果要新建一个工作簿，可以通过"Office"按钮来创建，具体的操作步骤如下。

01 在 Excel 2007 软件窗口中单击"Office"按钮，在弹出的下拉菜单中选择"新建"命令，如图 10-2 所示。

02 随后打开"新建工作簿"任务窗格，选择窗格中的"空工作簿"选项，再单击"创建"按钮，即可创建新工作簿，如图 10-3 所示。

图 10-2　选择"新建"命令

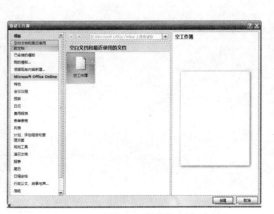

图 10-3　"新建工作簿"任务窗格

1st Day

2nd Day

3rd Day

4th Day

5th Day

6th Day

7th Day

10.2.2　保存工作簿

当用户对 Excel 工作簿进行编辑以后，需要保存编辑过的工作簿，保存工作簿的具体操作步骤如下。

01 在 Excel 2007 软件窗口中单击"Office"按钮，在弹出的下拉菜单中选择"保存"命令，如图 10-4 所示。

02 随后打开"另存为"对话框，在该对话框的"保存位置"栏中确定当前表格文件所要保存的位置，然后在"文件名"文本框中输入当前所要保存文件的名称，单击"保存"按钮即可完成工作簿的保存，如图 10-5 所示。

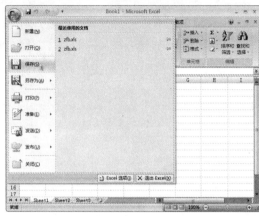

图 10-4　选择"保存"命令　　　　图 10-5　"另存为"对话框

10.2.3　打开工作簿

用户如果要编辑以前保存过的工作簿，首要需要打开要编辑的工作簿，打开工作簿的具体操作步骤如下。

01 在 Excel 2007 软件窗口中单击"Office"按钮，在弹出的下拉菜单中选择"打开"命令，如图 10-6 所示。

02 随后打开"打开"对话框，在该对话框中选择需要打开的工作簿名称，然后单击"打开"按钮即可打开该工作簿，如图 10-7 所示。

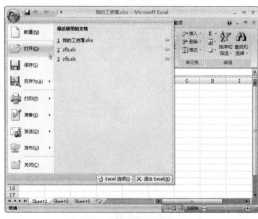

图 10-6　选择"打开"命令　　　　图 10-7　"打开"对话框

10.3　工作表的基本操作

工作表是组成工作簿的基本单位，是 Excel 2007 中用于存储和处理数据的主要文档，也称为电子表格。工作表是由排列在一起的行和列，即单元格构成。列是垂直的，由字母区别；行是水平的，由数字区别。在工作表界面上分别移动水平滚动条和垂直滚动条，可以看到行的编号是由上到下从 **1** 到 **1048576**，列标从左到右字母编号从 A 到 XFD。因此，一个工作表可以达到 **1048576** 行、**16384** 列。

每张工作表都有相对应的工作表标签，如"Sheet1"、"Sheet2"、"Sheet3"等，数字依次递增，如图 10-8 所示。

在显示的工作表标签中，呈白色亮度显示的工作表标签，表示是当前活动工作表，即是当前正在操作的工作表。用户可单击工作表标签切换活动工作表。

图 10-8　工作表标签

10.3.1　添加与删除工作表

在通常情况下，工作簿中有 3 张工作表，用户可以根据需要添加多个工作表，其具体的操作步骤如下。

01 单击"开始"选项卡，在"单元格"工具栏中单击"插入"按钮，然后在弹出的下拉菜单中选择"插入工作表"命令，如图 **10-9** 所示。

02 返回工作簿窗口，可以看到工作簿中出现一个新的工作表"Sheet4"，如图 **10-10** 所示。

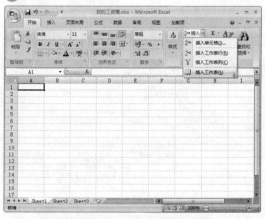

图 10-9　选择"插入工作表"命令

图 10-10　添加的工作表

如果需要删除多余的工作表，可以按照下面的步骤完成。

01 将需要删除的工作表选为当前活动工作表，单击"开始"选项卡，在"单元格"工具栏中单击"删除"按钮，然后在弹出的下拉菜单中选择"删除工作表"命令即可，如图 **10-11** 所示。

02 返回工作簿窗口，可以看见当前工作表"Sheet1"已经被删除了，如图 10-12 所示。

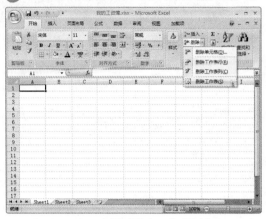

图 10-11　选择"删除工作表"命令　　　　图 10-12　删除工作表

10.3.2　重命名工作表

在实际应用中，往往不使用默认的工作表名称，要对工作表重新命名，为当前工作表重新命名的具体操作步骤如下。

01 用鼠标单击选定要重命名的工作表"**Sheet1**"，单击"开始"选项卡，在"单元格"工具栏中单击"格式"按钮，然后在弹出的下拉菜单中选择"重命名工作表"命令，如图 **10-13** 所示。

02 返回工作簿窗口，这时可以看见当前工作表的标签名以黑色反显，代表可以对标签进行编辑，输入新的工作表名称后，按 **Enter** 键确认即可，如图 **10-14** 所示。

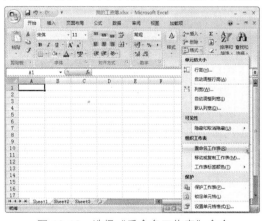

图 10-13　选择"重命名工作表"命令　　　　图 10-14　重命名后的工作表

10.4　单元格的基本操作

每一张工作表都是由多个长方形的"存储单元"所构成，这些长方形的"存储单元"即为单元格，输入的任何数据都将保存在这些单元格中。单元格由它们所在行和列的位置来命名，如单元格"**B5**"表示列号为 B 列与行号为第 5 行的交叉点上的单元格。

10.4.1　选定单元格

在执行输入或编辑操作时，我们通常都需要指明操作的对象，也就是说需要指明要对哪些单元格做编辑操作。

实际上活动单元格就是被选中的单元格。在通常情况下，只需要通过鼠标就可以非常容易地选中单元格。使用鼠标选定单元格的操作方法有以下几种。

- 如果想要选定整行或整列，单击位于左端的行标或列标即可。
- 如果想要选定相邻的行或列，将鼠标指针指向起始行号或列标，按住鼠标左键拖动选定连续的行或列；或选中起始行号或列号，然后按 Shift 键的同时单击终止行号或列号即可。
- 如果想要选中不连续的行或列，单击第 1 行或列之后，按住 Ctrl 键单击其他想要选中的行或列即可。
- 如果想要选定工作表中的所有单元格，则单击工作表左上角的"全选"按钮　　即可。
- 如果想要选定一个相邻的单元格区域，将鼠标指针指向第 1 个单元格，按住鼠标左键并沿对角的方向拖动即可。
- 如果需要选定不相邻的单元格，可以先单击其中某个单元格，然后按住 Ctrl 键单击其他想要选定的单元格即可。
- 如果想要选定一个较大的单元格区域，即一屏显示不了的单元格区域，可以单击起始单元格，然后按住 Shift 键并拖动窗口边缘的滚动条，在需要的单元格形式显示出来后，单击该单元格即可。

10.4.2　在单元格中输入数据

在单元格中输入数据有两种方法。

（1）单击要输入数据的单元格，直接输入数据，这种方法在工作簿窗口的编辑栏中进行，如图 10-15 所示。

（2）双击要输入数据的单元格，在单元格中直接输入数据。

通常情况下，输入到单元格中的内容排列在一行上，超出的部分可能覆盖右侧的单元格。我们可以使用以下两种方法在单元格中换行。

（1）在输入单元格内容时，按 Alt+Enter 组合键可以插入一个硬回车换行。

（2）单击"开始"选项卡，在"对齐方式"工具栏单击"自动换行"按钮　，则单元格中的内容可以根据单元格宽度自动换行。

图 10-15　在编辑栏中输入数据

10.4.3 设置单元格边框

为单元格添加边框，可以起到区分表格内容，美化表格的效果，设置单元格边框的具体操作步骤如下。

01 选中需要设置边框的单元格，然后单击"开始"选项卡，在"单元格"工具栏中单击"格式"按钮，在弹出的下拉菜单中选择"设置单元格格式"命令，如图 10-16 所示。

02 接着打开"设置单元格格式"对话框，在该对话框中单击"边框"选项卡，在"线条"样式中选择框格线条的样式，在"颜色"下拉列表框中选择一种颜色，然后选择"外边框"选项，如图 10-17 所示。

图 10-16 选择"设置单元格格式"命令

图 10-17 设置边框参数

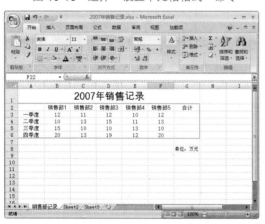

图 10-18 设置边框后的效果

03 单击"确定"按钮返回工作表窗口，即可看到设置边框后的效果，如图 10-18 所示。

提示

在设置带有颜色边框的时候，首先应该选择好颜色，然后再选择"预置"选项组中的边框类型，这样才能使设置的颜色生效。

10.4.4 设置单元格背景图案

为单元格添加具有个性化的背景图案不仅可以使电子表格显得更加生动，还可以对某些特殊数据起到突出显示的作用，设置单元格背景的具体操作步骤如下。

01 选中需要设置背景图案的单元格，然后单击"开始"选项卡，在"单元格"工具栏中单击"格式"按钮，在弹出的下拉菜单中选择"设置单元格格式"命令。

02 接着打开"设置单元格格式"对话框,在该对话框中单击"填充"选项卡,然后在"图案颜色"的下拉列表框中选择一种颜色,在"图案样式"下拉列表框中选择一种样式,在"背景色"列表框中选择一种颜色,如图 **10-19** 所示。

03 单击"确定"按钮返回工作表窗口,即可看到设置的背景图案效果,如图 **10-20** 所示。

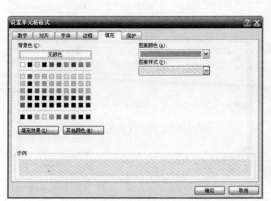
图 10-19 设置填充参数

图 10-20 设置了背景图案的表格效果

1st Day

2nd Day

3rd Day

4th Day

5th Day

6th Day

7th Day

 10.5 使用公式

在 Excel 2007 中,公式是以"="(或"+")开始,由常数、函数、单元格引用或运算符组成的式子,Excel 2007 会把公式的计算结果显示在相应的单元格中。

10.5.1 输入公式

要实现 Excel 2007 的自动计算功能,我们需要告诉软件怎样计算,所以首先要输入数学公式。所有的公式都以符号"="或"+"开始。

一个公式中包括,操作数和运算符。操作数可以是常量、单元格地址、名称和函数。运算符包括算术运算符、文本运算符、比较运算符、引用运算符。

- 算术运算符:指加号(+)、减号(-)、乘号(*)、除号(/)、乘方(^)等,用以完成基本的数学运算。
- 文本运算符:指"&",用以将两个文本连接成一个文本。
- 比较运算符:指大于号(>)、小于号(<)、大于等于号(>=)、小于等于号(<=)、等号(=)、不等号(<>),用以比较两个数值并返回布尔代数逻辑值 TRUE 或 FALSE。
- 引用运算符:有"范围"、"并"、和"交"3 种运算,用以产生一个包括两个区域的引用。

输入数学公式的具体操作步骤如下。

01 选中需要输入公式的单元格,在工作表上方的编辑栏中输入"=",然后输入公式表达式"B3+C3+D3+E3+F3",单击"输入"按钮 ✓ 确认,如图 **10-21** 所示。

02 返回工作表窗口,可以看见计算的结果已经显示在所选单元格中,如图 **10-22** 所示。

图 10-21 输入公式　　　　　　　　图 10-22 计算的结果

10.5.2 命名公式

由于公式的表达式一般比较长，如果每一次使用时都要重新输入一次，难免会出错。为了便于公式的使用和管理，可以给公式命名，公式命名的具体操作步骤如下。

01 单击"公式"选项卡，在"定义名称"工具栏中单击"定义名称"按钮，在弹出的下拉菜单中选择"定义名称"命令，如图 10-23 所示。

02 随后打开"新建名称"对话框，在"名称"栏里输入公式的名称，在"引用位置"栏里输入公式表达式，如"=B3+C3+D3+E3+F3"，单击"确定"按钮即可完成公式的命名，如图 10-24 所示。

图 10-23 选择"定义名称"命令　　　　图 10-24 "新建名称"对话框

以后如果要运用公式，只需选中待计算的单元格，再在编辑栏中输入"=公式名"，单击"输入"按钮或直接按 Enter 键，公式即被引用，并在相应的单元格中显示计算值。这样，我们只需输入一次公式表达式，而在以后引用时直接输入公式名即可。

10.5.3 编辑公式

编辑公式主要分为修改公式、复制公式、移动公式以及删除公式。

1．修改公式

对于创建后的公式，如果发现有错误，可以对其进行修改。其操作方法是直接双击含有公式的单元格，即可随意删除、修改。

2．复制公式

当公式中含有单元格或区域引用时，公式的复制结果会根据单元地址形式的不同而有所变化，复制公式的具体操作步骤如下。

01 选定要进行复制的公式所在的单元格，将鼠标移至其右下角，当指针变为黑色的 "**+**" 号时按住鼠标左键不放，拖动选中需要填充公式的单元格，如图 10-25 所示。

02 释放鼠标即可完成公式的复制，鼠标拖动过程中选择的单元格都被复制了公式，如图 10-26 所示。

1st Day
2nd Day
3rd Day
4th Day
5th Day
6th Day
7th Day

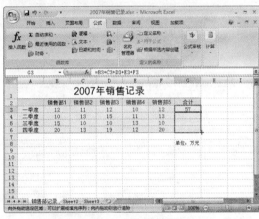

图 10-25　拖动填充柄

图 10-26　复制公式后的单元格

3．移动公式

移动公式与复制公式一样，移动的结果也和单元格或区域的引用地址有关，移动公式的具体操作步骤如下。

01 选定需要移动的公式所在的单元格，当指针变为 ✛ 形状时按住鼠标左键不放，将公式拖动至目标单元格即可，如图 10-27 所示。

02 释放鼠标即可完成公式的移动，如图 10-28 所示。

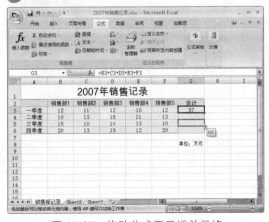

图 10-27　拖动公式至目标单元格

图 10-28　移动公式后的单元格

4．删除公式

如果需要将某个单元格中的计算结果以及该单元格保留在系统中的公式一起删除，只需在选中此单元格后，然后按 Delete 键即可。

10.5.4 隐藏公式

Excel 2007 的功能非常强大，不仅可以让我们自由输入、定义公式，还有很好的保密性。如果不想让自己的公式被别人更改或者破坏，可以将公式隐藏起来，具体的操作步骤如下。

01 选择需隐藏公式的单元格，这时在编辑栏中会出现公式表达式，单击"开始"选项卡，在"单元格"工具栏中单击"格式"按钮，在弹出的下拉菜单中选择"设置单元格格式"命令，如图 10-29 所示。

02 随后打开"设置单元格格式"对话框，单击"保护"选项卡，在该对话框中勾选"隐藏"复选框，最后单击"确定"按钮即可，如图 10-30 所示。

图 10-29　选择"设置单元格格式"命令

图 10-30　勾选"隐藏"复选框

10.6 使用函数

Excel 2007 提供了大量的内置函数，这些函数涉及许多工作领域，如财务、工程、统计、数据库、时间、数学等。此外，用户还可以利用 VBA 编写自定义函数，以完成特定的需要。

函数处理数据的方式与公式处理数据的方式是相同的，函数通过接收参数，并对所接收的参数进行相关的运算，最后返回运算结果。多数情况下，函数的计算结果是数值，但也可以返回文本、引用、逻辑值、数组或工作表的信息。

10.6.1 认识常用函数

Excel 2007 的函数有很多，这里介绍一些最常用的函数。

1．数学函数

（1）取整函数 INT（x）：取数值 x 的整数部分。例如，INT（123.45）的运算结果为 123。

（2）求余数函数 MOD（x，y）：返回数字 x 除以数字 y 得到的余数。例如，MOD（5，2）

等于 1。

（3）求平方根函数 SQRT（x）：返回正值 x 的平方根。例如，QRT（9）等于 3。

2．统计函数

（1）求平均值函数 AVERAGE（x1，x2，…）：返回所列范围中所有数值的平均值。最多可有 30 个参数，参数 x1，x2……可以是数值、区域或区域名字，例如，

AVERAGE（5，3，10，4，6，9）等于 6.166667。

AVERAGE（A1：A5，C1：C5）返回从单元格 A1：A5 和 C1：C5 中的所有数值的平均值。

（2）计数函数 COUNT（x1，x2，…）：返回所列参数（最多 30 个）中数值的个数。函数 COUNT 在计数时，会把数字、文本、空值、逻辑值和日期都计算进去，但是错误值或其他无法转化成数据的内容则被忽略。这里的"空值"是指函数的参数中有一个"空参数"，与工作表单元格的"空白单元"是不同的。例如，

COUNT（"ABC",1,3,TRUE,5）等于 6。其中的一个"空值"，计数时也计算在内。

COUNT（H15：H27）是计算范围为 H15 到 H27 中非空白的数字单元格的个数。注意空白单元格不计算在内。

（3）求和函数 SUM（x1，x2，…）：返回参数表中所有数值的总和。x1、x2 等可以是对单元格、区域或实际值。例如，

SUM（A1：A5，C6：C8）返回区域 A1 至 A5 和 C6 至 C8 中的值的总和。

（4）函数 SUMIF（x1，x2，x3）：参数中 x1 用于条件判断的单元格区域；x2 为确定哪些单元格被相加求和的条件，其形式可以为数字、表达式或文本；x3 为需要求和的实际单元格。只有当 x2 中的相应单元格满足条件时，才对 x3 中的单元格求和。如果省略 x3，则直接对 x1 中的单元格求和。例如，

SUMIF（A1:A4,">160,000",B1:B4）等于 63 000。其中 A1：A4 分别为 100 000，200 000，300 000，400 000；B1：B4 分别为 7 000，14 000，21 000，28 000。所以该函数即对 B2、B3、B4 求和。

3．字符函数

（1）函数 LEFT（s，x）：返回参数 s 中包含的最左的 x 个字符。s 可以是一字符串（引号括住）、包含字符串的单元格地址或字符串公式，x 缺省时为 1。例如：

LEFT（B8，5）等于"Hello"。其中 B8 为字符串"Hello World"。

（2）函数 MID（s，x1，x2）：返回字符串 s 中从第 x1 个字符位置开始的 x2 个字符。例如，

MID（"computer",3,4）返回"mput"。

（3）函数 SEARCH（x1，x2，x3）：返回在 x2 中第 1 次出现 x1 时的字符位置，查找顺序从左至右。如果找不到 x1，则返回错误值"#VALUE!"。查找文本时，函数 SEARCH 不区分大小写字母。其中 x1 中可以使用通配符"？"和"*"。x3 为查找的起始字符位置，从左边开始计数，表示从该位置开始进行查找，x3 缺省时为 1。例如：

SEARCH（"e"，"Statements"，6）等于 7。

4．日期和时间函数

（1）函数 DATE（year 年，month 月，day 日）：返回指定日期的序列数，范围为

1st Day

2nd Day

3rd Day

4th Day

5th Day

6th Day

7th Day

（1900<=year<=2078）。例如，

DATE（91，1，1）等于33 239。

（2）函数DAY（x1）：返回日期x1对应的一个月内的序数，用整数1到31表示。x1不仅可以为数字，还可以为字符串。例如，

DAY（"15-Apr-1993"）等于15。

（3）函数NOW（ ）：返回当前日期和时间所对应的数值。例如，

计算机的内部时钟为1999年5月30日下午3点12分，则NOW（ ）等于36310.55。

（4）函数TIME（x1，x2，x3）：返回x1小时x2分x3秒所对应的数值。返回值数为一个纯小数。例如，

TIME（16，48，10），返回数值0.700115741，等价于4:48:10PM。

5．财务函数

（1）可贷款函数PV（r,n,p,f,t）：用于计算固定偿还能力下的可贷款总数。其中，r为月利率，n为还款总月数，p为各期计划偿还的金额，f和t可以省略，省略时为0。例如，

某公司欲向银行贷款，贷款期限为12个月，贷款的月利率为6‰，该公司在贷款后的月偿还能力为20 000元。银行用PV函数计算该公司的可贷出金额，PV（0.006,12,20000）等于-230 896.29元，即银行可贷出款数为230 896.29元。

（2）偿还函数PMT（r,n,p,f,t）：与PV函数相反，本函数用于贷款后，计算每期需偿还的金额。其中，r为各期利率，n为付款总月数，p为贷款数，f和t可以省略，省略时作为0。例如，

某公司欲向银行贷款100万元，贷款期限为12个月，分期每月偿还部分贷款，贷款的月利率为6‰。要计算该公司每一期应还款数。可用PMT函数来计算，PMT（0.006,12,1000000）等于-86 618.97，表示每月的偿还数为86 618.97元。

6．条件函数

IF（x，n1，n2）：根据逻辑值x判断，若x的值为TRUE，则返回n1，否则返回n2。其中n2可以省略。

7．逻辑函数

（1）"与"函数AND（x1，x2，…）：所有参数的逻辑值为真时返回TRUE，只要一个参数的逻辑值为假即返回FALSE。其中，参数x1，x2……为待检测的若干个条件值（最多30个）各条件值必须是逻辑值（TRUE或FALSE）、计算结果为逻辑值的表达式，或者是包含逻辑值的单元格引用。

如果引用的参数包含文字或空单元格，则忽略其值。如果指定的单元格区域内包括非逻辑值，AND返回错误值"#VALUE!"。例如，

AND（TRUE,TRUE）等于TRUE。

AND（2+2=4，2+3>5）等于FALSE。

（2）"或"函数OR（x1，x2…）：在其参数组中，任何一个参数逻辑值为真，即返回TRUE。其中，参数x1，x2……的意义同"AND"函数。例如，

OR（TRUE，FLASE）等于TRUE。

OR（1+1=1，2+2=5）等于FALSE。

（3）"非"函数 NOT（x）：对逻辑参数 x 求相反的函数。如果逻辑值为假，返回 TRUE；如果逻辑值为真，返回 FALSE。例如，

NOT（FALSE）等于 TRUE。

NOT（1+1=2）等于 FALSE。

8．查找与引用函数

CHOOSE（x，list）：返回 list 中的第 x 项。假设 list 中的表项个数为 n，那么 x 在 1 至 n 之间取值，n 最大为 29。例如，

CHOOSE（3，"Jan"，"Feb"，"Mar"，"Apr"，"May"）返回字符串值"Mar"。

9．其他函数

（1）频度分析函数 FREQUENCY（x1，x2）：将某个区域 x1 中的数据按一列垂直数组 x2（给出分段点）进行频率分布的统计，统计结果存放在 x2 的右边列的对应位置。

（2）排名次函数 RANK（x1，x2，x3）：返回单元格 x1 在一个垂直区域 x2 中的排位名次，x3 是排位的方式。x3 为 0 或省略，按降序排名次；否则按升序排名次。

函数 RANK 对相同数的排位相同，但相同数的存在将影响后续数值的排位，例如：

RANK（A2，A1：A5，1）等于 3，RANK（A1，A1：A5，1）等于 5。其中，A1：A5 中分别含有数字 7、3.5、3.5、1 和 2。

10.6.2　函数的引用

可以在 Excel 的公式或用户自定义的宏中调用 Excel 提供的内置函数，调用函数时要遵守 Excel 对于函数所制定的规则，否则就会产生语法错误。下面对函数的语法和输入分别进行介绍。

1．函数的语法

Excel 的函数结构大致可分为函数名和参数表两部分，如下所示。

函数名（参数 1，参数 2，参数 3，…）

其中，函数名说明函数要执行的运算；函数名后用圆括号括起来的是参数表，参数表说明函数使用的单元格数值，参数可以是数字、文本、形如 TRUE 或 FALSE 的逻辑值、数组、形如#N/A 的错误值，以及单元格或单元格区域的引用等。给定的参数必须能产生有效的值。

Excel 函数的参数也可以是常量、公式或其他函数。当函数的参数表中又包括另外的函数时，就称为函数的嵌套使用。不同的函数所需要的参数个数是不同的，有的函数需要一个参数，有的需要两个参数，多的可达 30 个参数，也有的函数不需要参数。没有参数的函数称为无参函数。无参函数的形式为：函数名()。

无参函数后的圆括号是必需的。如 PI 函数，其值为 3.14159，它的调用形式为：PI()。

举个实际的例子，如计算单元格区域 A1:B10 中所有数据的平均值，可调用函数 AVERAGE（A1:B10）。在该函数中，函数名是"AVREAGE"，参数是"A1:B10"这个单元格区域，它必须出现在括号中。

在 Excel 中输入函数时，要用圆括号把参数括起来，左括号标记参数的开始且必须跟在函数名的后面。如果在函数名与左括号之间插入了一个空格或者其他字符，Excel 会显示一个出

1st
Day

2nd
Day

3rd
Day

4th
Day

5th
Day

6th
Day

7th
Day

错信息"#NAME?"。显然，Excel 把函数名当成了名字，因此出错。

2．函数的调用

在公式或表达式中应用函数就称为函数的调用。函数的调用有以下几种方式。

方式一：在公式中直接调用

如果函数以公式的形式出现，就在函数名称前面键入等号"="。下面是在公式中直接调用函数的一个语法示意图，在此图中调用求平均值函数 AVERAGE 计算 A1:B5 和 C1:D2 两个区域中的数值，以及 E5 单元格的数值与 12，32，12 所有数据的平均值。

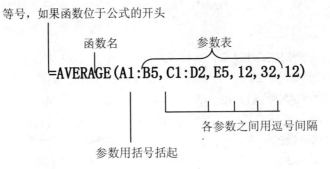

方式二：在表达式中调用

除了在公式中直接调用函数外，也可以在表达式中调用函数。例如，求 A1:A5 区域的平均值与 B1:B5 区域的总和，最后再除以 10，把计算结果放在 C2 单元格，则可在 C2 单元格中输入公式"=（AVERAGE（A1:A5）+SUM（B1:B5））/10"。

方式三：在函数的嵌套调用

在一个函数中调用另一个函数，就称为函数的嵌套调用。请看下面的公式。

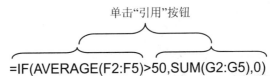

这就是一个函数的嵌套调用公式，平均值函数 AVERAGE 和汇总函数 SUM 都作为条件函数 IF 的参数使用。整个公式的意思是求出 F2:F5 区域的平均值，如果该区域的平均值大于 50，公式的最后结果就是 G2:G5 区域的数值总和；如果 F2:F5 区域的平均值小于或等于 50，则公式的最后结果是 0。

10.6.3 输入函数

函数是以公式的形式出现的，可以直接以公式的形式编辑输入，如果将函数作为一个单独的操作对象时，我们可以使用 Excel 2007 提供的"粘贴函数"工具，具体的操作步骤如下。

01 在文档中选中要使用函数的单元格，如"E8"，单击"开始"选项卡，在"编辑"工具栏中单击"求和函数"Σ·右侧的下拉按钮·，在打开的下拉菜单中选择"其他函数"命令，如图 10-31 所示。

02 随后打开"插入函数"对话框，在该对话框中的"选择函数"列表框中选择所需的函数，如"SUM"，如图 10-32 所示。

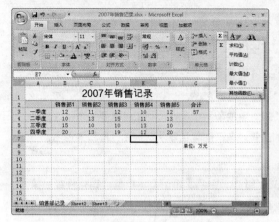

图 10-31　选择"其他函数"命令

图 10-32　选择需要的函数

1st Day

2nd Day

3rd Day

4th Day

5th Day

6th Day

7th Day

03 单击"确定"按钮打开"函数参数"对话框，在"Number1"文本框中输入单元格区域，例如（E3：E6），表示 E3 到 E6 单元格中的数值，如图 10-33 所示。

04 单击"确定"按钮返回工作表窗口，可以看见在选中的单元格中出现使用函数计算出的 E3 到 E6 单元格区域中数值之和，如图 10-34 所示。

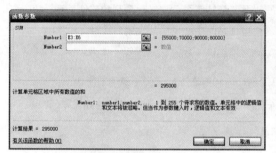

图 10-33　设置单元格区域

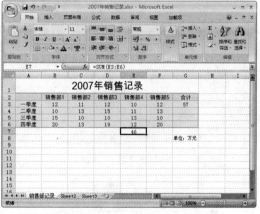

图 10-34　使用函数计算出的结果

10.7　图表的制作与编辑

图表是数据的图形化表示。图表本质上是按照工作表中的数据而创建的对象。对象由一个或者多个以图形方式显示的数据系列组成。数据系列的外观取决于选定的图表类型。采用合适的图表类型来显示数据将有助于直观地理解数据。

10.7.1　图表的类型和作用

图表具有较好的视觉效果，可方便用户查看数据的差异和预测趋势。

Excel 2007 提供了 **20** 多种系统内部图表类型及自定义的图表类型。下面对常用的几种图表类型的功能及作用做简单介绍，如下表所示。

图表类型介绍

图表类型	使用说明
	柱形图：用来表示一段时间内数据的变化或者各项之间的比较。通常用来强调数据随时间变化而变化。柱形图包括簇状柱形图、堆积柱形图、三维柱形图等子类型。
	条形图：用来显示不连续的且无关的对象的差别情况，这种图表类型的淡化数值随时间的变化而变化，能突出数值的比较。条形图包括簇状条形图、堆积条形图、三维条形图等子类型。
	折线图：用来显示等间隔数据的变化趋势。主要适用于显示产量、销售额或股票市场随时间的变化趋势。折线图包括堆积折线图、数据点折线图、三维折线图等子类型。
	饼图：用于显示数据系列中每一项占该系列数值总和的比例关系。当需要知道某项占总数的百分比时，可使用该类图表。饼图包括三维饼图、复合饼图、分离型饼图。
	XY 散点图：用于显示几个数据系列中数据间的关系，常用于分析科学数据。XY 散点图包括平滑线散点图、折线散点图、无数据点散点图等子类型。
	圆环图：与饼形图很类似，主要用于比较一个单位中各环片的大小及比例关系。圆环图中的每一个环代表一个数据系列，包括闭合式圆环图、分离式圆环图。
	雷达图：用于显示独立数据系列之间以及某个特定系列与其他系列的整体关系。每个分类都拥有自己的数值坐标轴，这些坐标轴由中心点向外辐射，并由折线将同一系列中的值连接起来。雷达图包括数据点雷达图、填充雷达图等子类型。
	曲面图：与条形图相似；可以使用不同的颜色和图案来显示同一取值范围内的区域。当需要寻找两组数据之间的最佳组合时，可以使用曲面图进行分析。包括二维曲面图及三维曲面图子类型。
	气泡图：是一种特殊的散点图。气泡的大小可以用来表示数组中第三变量的数值。气泡图包括二维气泡图、三维气泡图。
	股价图：可以用来描绘股票的价格趋势和成交量。这种图也可以用来描绘科学数据。股价图包括盘低-盘高-收盘图、开盘-盘高-盘低-收盘图等子类型。

10.7.2 创建图表

在创建图表时，首先要建立数据表格，通过工作表中的数据表格创建的图表才有意义，在 Excel 2007 中创建图表的具体操作步骤如下。

01 打开要创建图表的工作表，选中包含图表数据的单元格数据区域，如图 **10-35** 所示。

02 单击"插入"选项卡，在"图表"工具栏中单击"柱形图"按钮，在弹出的下拉菜单中选择"所有图表类型"命令，如图 **10-36** 所示。

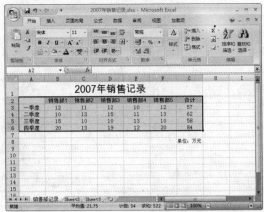

图 10-35　选中单元格数据区域

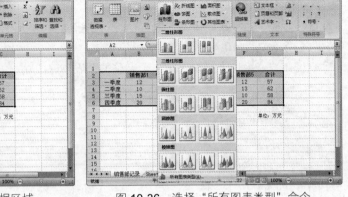

图 10-36　选择"所有图表类型"命令

1st Day

2nd Day

3rd Day

4th Day

5th Day

6th Day

7th Day

03 接着打开"插入图表"对话框，在该对话框中选择图表类型，如"柱形图"，然后在右边窗格中选择一种合适的柱形图类型，如图 10-37 所示。

04 单击"确定"按钮确认选择，返回工作表窗口可看到创建的图表浮动在表格上方，单击"布局"选项卡，在"标签"工具栏中单击"图表标题"按钮，在弹出的下拉菜单中选择"图表上方"命令，如图 10-38 所示。

图 10-37　选择柱形图类型

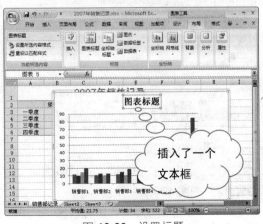

图 10-38　选择"图表上方"命令

05 确认选择返回工作表窗口，可以看见在图表上方出现一个"图表标题"的文本框，如图 10-39 所示。

图 10-39　设置标题

06 将光标定位到"图表标题"文本框中选中"图表标题"文本，然后输入图表的标题替换选中的文本，例如"2007年销售记录"。

07 在"标签"工具栏中单击"数据标签"按钮 数据标签，在弹出的下拉菜单中选择"数据标签外"命令，如图 **10-40** 所示。

08 返回工作表窗口，可以看见一个完整的图表创建成功，如图 **10-41** 所示。

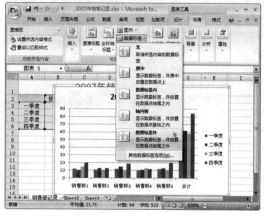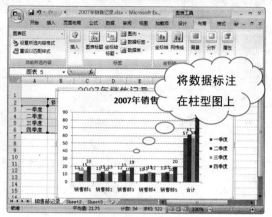

图 **10-40** 选择"数据标签外"命令 　　　　图 **10-41** 创建完成后的图表

10.7.3　添加数据元素

在图表中添加数据元素的具体操作步骤如下。

01 打开要添加数据元素的图表，单击"设计"选项卡，然后在"数据"工具栏中单击"选择数据"按钮，打开"选择数据源"对话框，如图 **10-42** 所示。

02 单击"图例项（系列）"列表框中的"添加"按钮，打开"编辑数据系列"对话框，在该对话框中输入相应的名称和系列值，如图 **10-43** 所示。

图 **10-42** "选择数据源"对话框 　　　　图 **10-43** "编辑数据系列"对话框

03 单击"确定"按钮返回"选择数据源"对话框，在该对话框中可以看见添加的图例项"部门合计"，如图 **10-44** 所示。

04 单击"确定"按钮返回工作表窗口。在工作表中输入要添加的数据后，就可以在图表上看见新添加的数据元素了，如图 **10-45** 所示。

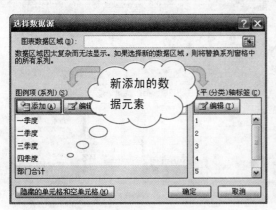

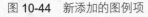

图 10-44　新添加的图例项

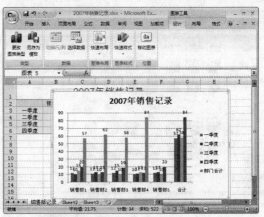

图 10-45　添加数据元素后的图表

1st Day

2nd Day

3rd Day

4th Day

5th Day

6th Day

7th Day

10.7.4　使用文本注释

在制作好图表后，为了方便别人理解图表需要表达的含义，有时需要添加一些文本注释，添加文本注释的具体操作步骤如下。

01 打开需要添加文本注释的图表，单击"插入"选项卡，在"插图"工具栏中单击"形状"按钮 ，在弹出的下拉列表中选择一种图形，如图 10-46 所示。

02 返回工作表窗口，在需要使用文本注释的区域按住鼠标左键拖动，即可插入一个文本框，如图 10-47 所示。

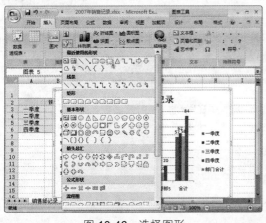

图 10-46　选择图形

图 10-47　绘制图形

03 如果需要修改图形样式，可以在"形状样式"工具栏中选择图形样式，如图 10-48 所示。

04 在文本框上右击，然后在弹出的快捷菜单中选择"添加文字"命令，这样就可以在文本框中输入要添加的注释，如果不能够显示所有文字，可以通过拖动图形四周的控制按钮来调节图形大小，如图 10-49 所示。

提示

如果不需要有底色，可以分别在"形状颜色"和"形状轮廓"中选择"无填充颜色"和"无轮廓"。

图 10-48　设置形状样式

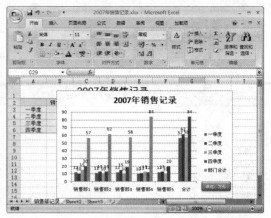

图 10-49　输入文字并调节图形大小

10.7.5　图表位置和大小的调整

创建好的新工作图表一般是重叠在原始数据表上的，所以需要调整图表的位置。

在 Excel 2007 中，如要移动图表的位置，只需在图表的任意位置单击选中图表。此时，在图表的四周将出现 8 个尺寸控点。把鼠标放在图表区，待光标变为 ✛ 形状时，按住左键不放，拖动到目标位置松开即可实现图表的移动。

如果要改变图表的大小，同样在图表的任意位置处单击，在图表的四周出现 8 个尺寸控点后，移动光标到某个控点上，待光标变为双箭头形状时，按住鼠标左键不放，拖动调整图表的大小。

10.8　巩固与练习

本章主要介绍了 Excel 2007 的基本操作，比如工作簿的新建、打开、保存以及工作表的添加与删除等操作。读者需要重点掌握的知识包括单元格的基本操作以及公式和函数的使用。通过本章的学习，能使读者对 Excel 2007 的基本操作有一个全面、系统的了解。

● 练习题

（1）怎样给单元格添加背景图案？

（2）Excel 中包含哪几种类型的运算符？

（3）一个公式中可能包含哪些元素？

（4）怎样在图表中添加数据？

第 4 天

Chapter

制作出差费用记录表

11

▶▶ 精彩实例效果展示

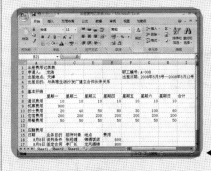

◀ 录入数据

▶▶ 学习重点

- 录入相关数据
- 设置表格格式
- 计算"基本开销"和"应酬费用"总额
- 完成表格总计

◀ 设置格式

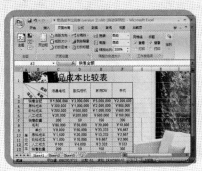

◀ 添加背景

7 天学会电脑办公

11.1 相关知识介绍

公司员工出差返回后，需要财务人员制作出差旅支出记录表，然后交由主管部门经理审签和公司财务部门审核，并送交总经理审批，最后父由出纳人员核对后，方可报销。

出差人员的基本信息一般要包括出差姓名、出差地点、出差时间和出差目的等。基本开销记录包括开销项目、每天开销金额以及合计费用等。应酬费用包括业务目的、招待对象、地点和费用等。最后合计基本开销费和应酬费即是出差人员应报销的费用。

11.2 实例制作详解

本实例制作的是出差费用记录表，制作过程分为录入"差旅支出记录表"数据、设置表格格式、计算"基本开销"和"应酬费用总额"等几部分，效果如右图所示。

🔍 难度系数　☑ ☑ ☑

⏰ 学习时间　**40** 分钟

📖 学习目的　添加填充颜色
　　　　　　　输入公式

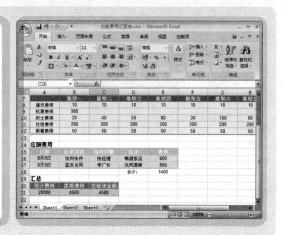

11.2.1 录入相关数据

首先录入工作表的标题以及出差信息，然后将具体的数据录入表格中，再为其设置行高和列宽，具体操作步骤如下。

01 新建一个 **Excel** 空白工作表，将工作表保存为"出差费用记录表"，然后在表格中输入出差产生的各种相关费用，输入完成后的工作表效果如图 **11-1** 所示。

02 当输入完各种数据以后，发现某些数据超出了表格的长度，不能够在单元格中完全显示时，可以拖动单元格边框来调整行高和列宽，如图 **11-2** 所示。

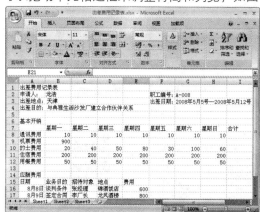

图 11-1　输入相关数据

图 11-2　调整单元格的行高和列宽

11.2.2　设置表格格式

输入完数据以后，为了使表格看起来更加美观，需要对表格进行各种格式设置，设置格式的具体操作步骤如下。

01 选中 A1 单元格，然后按住鼠标左键不放向右拖动至 I1 单元格处，然后释放鼠标左键，这样就选中了 A1：I1 单元格区域，如图 11-3 所示。

02 单击"开始"选项卡，在"字体"工具栏中选择字体为"黑体"，字号为"20"，字体颜色为"红色"，如图 11-4 所示。

1st Day

2nd Day

3rd Day

4th Day

5th Day

6th Day

7th Day

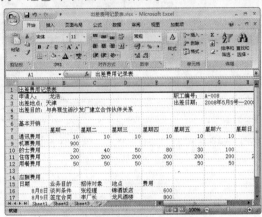

图 11-3　选中单元格区域　　　　图 11-4　设置单元格中字体格式

03 保持单元格区域为选中状态，在"对齐方式"工具栏中单击"合并后居中"按钮，将选中的多个单元格合并成一个单元格，并使单元格中的内容居中对齐，如图 11-5 所示。

04 将其他需要合并在一起的单元格按照前面的步骤进行合并，合并后的表格效果如图 11-6 所示。

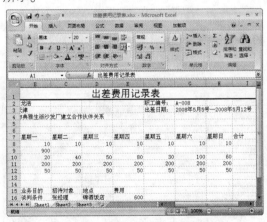
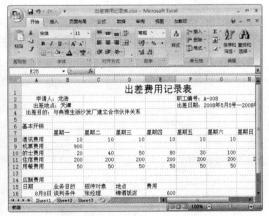

图 11-5　合并单元格后的效果　　　　图 11-6　合并其他单元格后的效果

05 选中 A2 单元格，然后按住鼠标左键不放向右拖动至 I4 单元格处选中 A2：I4 单元格区域，然后在"对齐方式"工具栏中单击文本"左对齐"按钮，将单元格中的文本左对齐，如图 11-7 所示。

06 双击 A2 单元格，这时该单元格中的内容处于可编辑状态，然后选中"申请人"文本，设置其字体为"黑体"，字体颜色为"紫色"。按照前面的步骤将其他的文本设置成如图 11-8 所示。

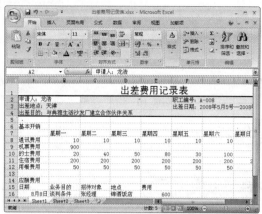

图 11-7　将单元格中的文本左对齐

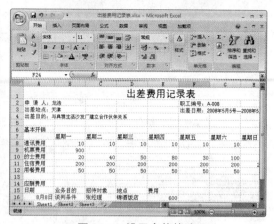

图 11-8　设置字体格式

07 选中 A7：I12 单元格区域，然后在"单元格"工具栏中单击"格式"按钮 格式，在弹出的菜单中选择"设置单元格格式"命令，如图 11-9 所示。

08 打开"设置单元格格式"对话框，在该对话框中单击"边框"选项卡，然后在颜色下拉列表框中选择线条颜色为"紫色"，在"样式"列表框中选择一种粗线条样式，然后单击"外边框"按钮，如图 11-10 所示。

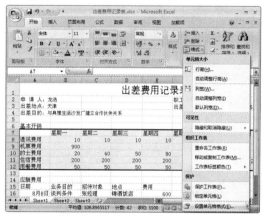

图 11-9　选择"设置单元格格式"命令

图 11-10　设置外边框

09 单击"确定"按钮返回工作表窗口，可以看见被选中的单元格区域已经被添加上了外部边框，如图 11-11 所示。

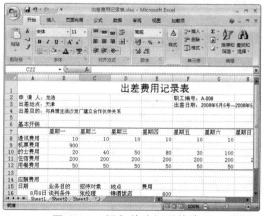

图 11-11　添加外边框后的效果

⑩ 保持 **A7：I12** 单元格区域为选中状态，再次打开"设置单元格格式"对话框，在该对话框中单击"边框"选项卡，然后在颜色下拉列表框中选择线条颜色为"**紫色**"，在"样式"列表框中选择一种细线条样式，然后单击"内部"按钮 ⊞，如图 **11-12** 所示。

⑪ 单击"确定"按钮返回工作表窗口，可以看见被选中的单元格区域已经被添加上了内部线条，如图 **11-13** 所示。

图 11-12　设置内部线条参数

图 11-13　添加内部线条后的效果

1st Day

2nd Day

3rd Day

4th Day

5th Day

6th Day

7th Day

⑫ 选中 **A7：I7** 单元格区域，在"字体"工具栏中单击"填充颜色"按钮 ⬥，在弹出颜色列表中选择"**橄榄色**"，并设置单元格中文本的中文字体为"**黑体**"，英文字体为"**Aril**"，字号颜色为"**10**"，然后在"对齐方式"工具栏中单击"居中"按钮 ≡，如图 **11-14** 所示。

⑬ 选中 **A8：I12** 单元格区域，在"字体"工具栏中单击"填充颜色"按钮 ⬥，在弹出的颜色列表中选择"**水绿色**"，并设置单元格中文本的字体为"**黑体**"，字体颜色为"**白色**"，然后在"对齐方式"工具栏中单击"居中"按钮 ≡，设置完成后的工作表如图 **11-15** 所示。

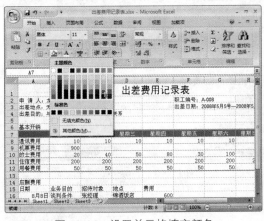

图 11-14　设置单元格填充颜色

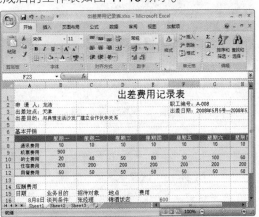

图 11-15　设置完成后的工作表

⑭ 选中 **A15：E17** 单元格区域，按照前面的方法为该单元格区域设置好边框以及填充颜色；选中 **A20：C21** 单元格区域，按照前面的方法为该单元格区域设置好边框以及填充颜色，最后将其余文本设置好字体格式，设置完成后的表格效果如图 **11-16** 所示。

⑮ 单击"视图"选项卡，在"显示/隐藏"工具栏中取消选择"网格线"选项，将表格中的网格线隐藏起来，如图 **11-17** 所示。

图 11-16 设置完成后的表格效果

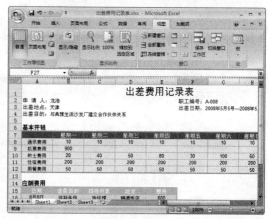

图 11-17 隐藏网格线后的工作表效果

11.2.3 计算"基本开销"和"应酬费用"总额

输入完各种基本数据之后，还需要计算各种小项目的开销总额，应酬费用总额等，这里需要使用公式来计算，具体操作步骤如下。

01 选中 I8 单元格，然后单击"开始"选项卡，在"单元格"工具栏中单击"求和"按钮 Σ ，在弹出的下拉列表中选择"求和"选项，如图 11-18 所示。

02 返回工作表窗口，可以看见在 I8 单元格中已经填充了求和公式，单击编辑栏上的"输入"按钮 √ ，即可完成数据的求和操作，如图 11-19 所示。

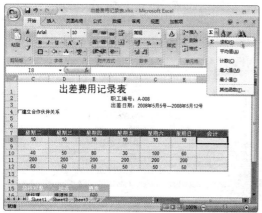

图 11-18 选择"求和"选项

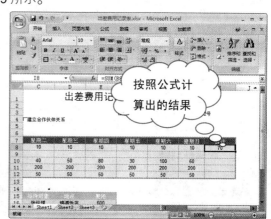

按照公式计算出的结果

图 11-19 完成公式求和

03 将鼠标移动到 I8 单元格右下角的黑色填充柄上，当鼠标指针变为黑色 **+** 形状时，按住鼠标左键向下拖动至 I12 单元格，将鼠标拖动经过的单元格都填充上求和公式，如图 11-20 所示。

04 释放鼠标确认填充，这时填充了公式的单元格会按照公式计算出数据的总和并显示在单元格中，如图 11-21 所示。

提示

在填充完公式以后会出现一个自动填充选项图标 ，可以单击该图标，在弹出的菜单中选择填充参数，包括复制单元格、仅填充格式、不带格式填充。

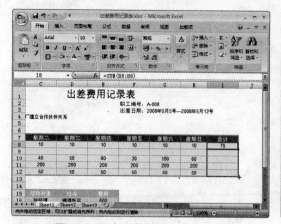

图 11-20 向下拖动鼠标填充公式

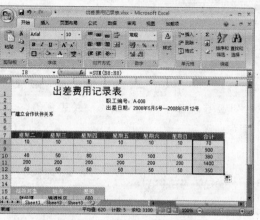

图 11-21 按照公式计算出结果

05 按照前面的步骤计算出其他几个项目的费用总和，完成后的效果如图 **11-22** 所示。

1st Day

2nd Day

3rd Day

4th Day

5th Day

6th Day

7th Day

提示

在单元格中输入公式以后，我们还可以在 "=SUM(E16:E17)" 中修改需要计算数值的单元格区域，比如计算 A4:A6 单元格中的数值总和，只需要把 "E16:E17" 修改为 "A4:A6" 即可。

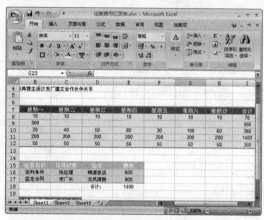

图 11-22 计算出其他费用总和

11.2.4 完成表格总计

计算完各种费用的小计以后，现在需要完成最后的总计表格，具体操作步骤如下。

01 由于"实际差旅费用=基本开销记录总额+应酬费用总额"，所以选中 **B21** 单元格，然后在编辑栏中录入公式 "=I8+I9+I10+I11+I12+E18"，如图 **11-23** 所示。

02 单击"输入"按钮✔确认公式输入，这样就可以计算出实用费用，如图 **11-24** 所示。

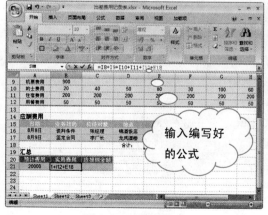

图 11-23 输入公式

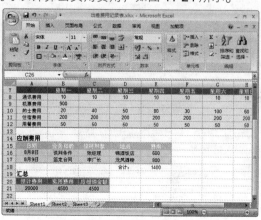

图 11-24 应用公式后的结果

11.3 上机实战——制作商品成本比较表

最终效果

本实例是制作一份商品成本比较表，最终效果如右图所示。

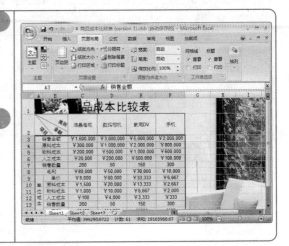

解题思路

商品成本比较表的制作与普通的电子表格相似，录入相应的数据后，再对表格进行相应的修饰，最后计算保存。

步骤提示

01 新建一个工作表，将工作表的文件名保存为"商品成本比较表"，接着在表格中输入各种相关的数据，填充数据后的表格效果如图 11-25 所示。

02 选中 A1：F1 单元格区域将单元格合并后居中，然后将"商品成本比较表"文本设置字体为"黑体"，字号为"24"，字体颜色为"红色"；选中 A2：F14 单元格区域，设置文本中文字体为"方正细等线简体"，西文字体为"Arial"，字号为"10"，设置完成后的效果如图 11-26 所示。

图 11-25 输入数据

图 11-26 设置文本格式

03 由于"单价=销售金额/销售数量"，所以在 C9 单元格中输入公式"=C3/C7"计算出结果，使用拖动的方法，将 C9 中的数据格式填充到 D9 至 F9 中，如图 11-27 所示。

04 按照这样的方法将其他需要运用公式计算出结果的单元格按照对应的计算方法填充好数学公式，计算出结果，如图 11-28 所示。

图 11-27　在 C9 单元格中输入公式

图 11-28　在其他单元格中输入公式

05 将鼠标移动到行标 **2** 下方，当鼠标变为 **✛** 形状时，按住鼠标左键不放拖动调整单元格的高度，如图 11-29 所示。

06 单击"插入"选项卡，在"插图"工具栏中单击"形状"按钮，然后在弹出的下拉列表中选择"线条" **＼**，接着在表格中绘制两条斜线，调整好斜线的长度和位置，如图 11-30 所示。

图 11-29　调整行高

图 11-30　绘制斜线

07 在 A2 单元格处插入文本框，并设置文本框中的字体样式，调整好位置，如图 11-31 所示。

08 选中 A2：F14 单元格区域，设置外边框和内部线条，如图 11-32 所示。

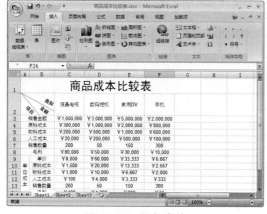

图 11-31　添加表头

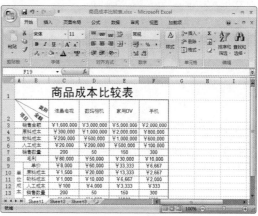

图 11-32　设置边框

1st Day

2nd Day

3rd Day

4th Day

5th Day

6th Day

7th Day

09 选中 A2：F2 单元格区域，设置其填充颜色为"橙色"；选中 A3：F14 单元格区域，设置其填充颜色为"橄榄色"，如图 11-33 所示。

10 单击"页面布局"选项组，在"页面设置"工具栏中单击"背景"按钮，然后在打开的"工作表背景"对话框中选择一张图片作为表格背景，单击"确定"按钮确认选择，返回表格窗口，可以看见为工作表添加的背景图案，如图 11-34 所示。

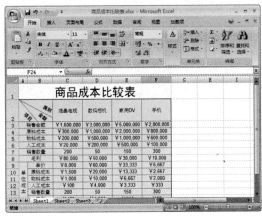
图 11-33 设置填充颜色

图 11-34 添加表格背景

11.4 巩固与练习

本章主要介绍了制作出差费用记录表的相关知识，重点介绍了设置表格格式、计算"基本开销"和"应酬费用"总额的方法。掌握了本章知识，能使读者对出差费用记录表等相关类型公文表格的制作有深入的了解。现在给大家准备了相关的习题进行练习，以对前面学习到的知识进行巩固。

练习题

（1）在 Excel 表格中，要使某一表格在页面居中，可使用＿＿＿＿＿＿＿＿＿＿方法。

（2）在选定连续或不连续单元格区域时，其中的活动单元格是以＿＿＿＿＿＿标识的。

（3）在 Excel 2007 中，一个数据清单由＿＿＿＿＿、＿＿＿＿＿、＿＿＿＿＿3 部分组成。

（4）复制工作表的方法是在工作表标签上右击，在弹出的快捷菜单中选择"移动或复制工作表"命令，打开"移动或复制工作表"对话框，选择插入或移动工作表的位置即可。如果没有选中"建立副本"复选框，则表示文件的＿＿＿＿＿＿＿＿＿＿＿＿。

第**4**天

Chapter

制作公司年度销售报表 ▌— 12

▶▶ 学习重点

- 创建表格结构
- 录入数据
- 设置表格格式
- 添加表格边框和底纹
- 输入公式
- 制作商品销量走势图
- 美化商品销量走势图
- 制作商品价格走势图
- 制作年度销售额分布图

▶▶ 精彩实例效果展示

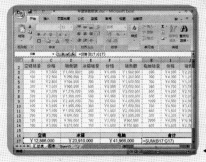

◀ 制作表格

◀ 制作图表

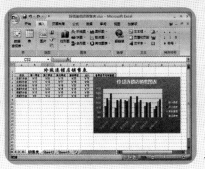

◀ 制作图表

7 天学会电脑办公

12.1 相关知识介绍

在各个单位中，每季度有季表，每年度有年表，用来对各季各年的销售情况作汇总，并在汇总的数据中分析和管理价格走势情况、销售累计情况和销售的分布情况等。

在"公司年度销售表"中主要是对价格的走势情况、销售累计情况和销售分布情况作相应的分析，这不但需要有力的数据还需要更能表达其含义的数据图表，让用户一目了然地看到公司销售状况。

12.2 实例制作详解

本实例制作的是年度销售报表，其中的数据包括月份、商品销售量、销售价格、销售额等，可以计算出累计销售额和总销售额，效果如右图所示。

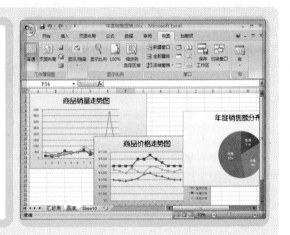

🔍 **难度系数** ☑ ☑ ☑

⏰ **学习时间** 40 分钟

📘 **学习目的** 制作折线图
　　　　　　　制作图表名称

12.2.1 创建表格结构

创建汇总表格应先制作好表格的结构和录入相关的数据资料，具体操作步骤如下。

01 新建一个 Excel 空白工作表，将工作表名称保存为"年度销售报表"，如图 12-1 所示。

02 双击工作簿下方的"Sheet1"标签，此时标签变成黑色，表示该工作表名称处于可编辑状态，输入该工作表的名称"汇总表"，再双击工作簿下方的"Sheet2"标签，输入该工作表的名称"图表"，如图 12-2 所示。

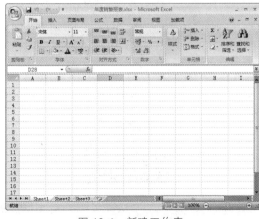

图 12-1 新建工作表

图 12-2 修改工作表标签名称

12.2.2 录入数据

现在需要在"汇总表"中输入该公司卖场中"空调销量"的汇总数据，具体操作步骤如下。

01 单击工作表中需要输入数据的相应单元格，按照实际销售数据录入到对应的项目中，如图 12-3 所示。

02 因为是年度销售报表，需要将各种产品的销售总额分别计算后再汇总，所以需要添加各种产品的销售总额以及所有产品销售总额的合计项，如图 **12-4** 所示。

1st Day

2nd Day

3rd Day

4th Day

5th Day

6th Day

7th Day

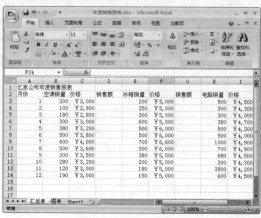

图 12-3 输入基本数据

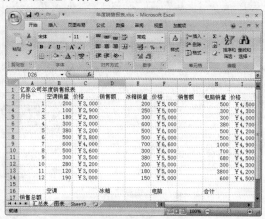

图 12-4 输入汇总项目

12.2.3 设置表格格式

下面为工作表设置格式，具体操作步骤如下。

01 选中 **A1：J1** 单元格区域，然后单击"开始"选项卡，在"对齐方式"工具栏中单击"合并后居中"按钮，然后在"字体"工具栏中设置字体为"楷体"，字号为"24"，字体颜色为"橙色"，字形为"加粗"，设置完成后的表格效果如图 **12-5** 所示。

02 选中 **A2：J2** 单元格区域，然后单击"开始"选项卡，在"字体"工具栏中设置中文字体为"黑体"，西文字体为"Aril"，字号为"12"，字体颜色为"深蓝"，在"对齐方式"工具栏中单击"居中"按钮，设置完成后的表格效果如图 **12-6** 所示。

图 12-5 设置标题样式

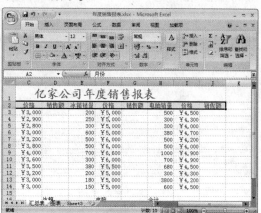

图 12-6 设置项目标题样式

03 选中 A3：J14 单元格区域，然后单击"开始"选项卡，在"字体"工具栏中设置西文字体为"Aril"，字号为"10"，字体颜色为"浅蓝"，在"对齐方式"工具栏中单击"居中"按钮▤，设置完成后的表格效果如图 12-7 所示。

04 选中 A16：J17 单元格区域，然后单击"开始"选项卡，在"字体"工具栏中设置中文字体为"黑体"，西文字体为"Aril"，字号为"12"，字体颜色为"红色"，在"对齐方式"工具栏中单击"居中"按钮▤，设置完成后的表格效果如图 12-8 所示。

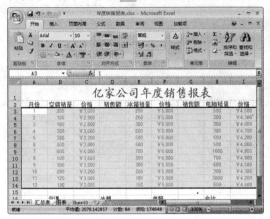
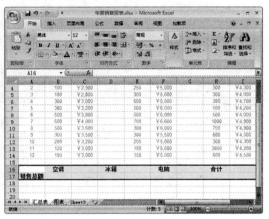

图 12-7　设置项目数据样式　　　　　　图 12-8　设置汇总数据项格式

12.2.4　添加表格边框和底纹

为了让工作表看起来美观、数据分类详细，需要为表格添加边框和底纹，添加表格边框和底纹的具体操作步骤如下。

01 选中 A2：J14 单元格区域，然后单击"开始"选项卡，在"单元格"工具栏中单击"格式"按钮，然后在弹出的菜单中选择"设置单元格格式"命令，如图 12-9 所示。

02 打开"设置单元格格式"对话框，在该对话框中单击"边框"选项卡，然后在"颜色"下拉列表框中选择线条颜色为"紫色"，在"样式"列表框中选择一种粗线条样式，然后单击"外边框"按钮▦，如图 12-10 所示。

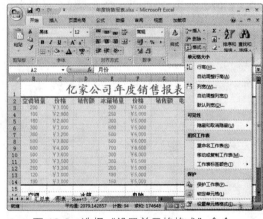

图 12-9　选择"设置单元格格式"命令　　　图 12-10　"设置单元格格式"对话框

03 接着在"样式"列表框中选择一种细线条样式，然后单击"内部"按钮▦，如图 12-11

所示。

04 单击"确定"按钮返回工作表窗口，可以看见被选中的单元格区域已经添加上了外部边框和内部线条，如图 12-12 所示。

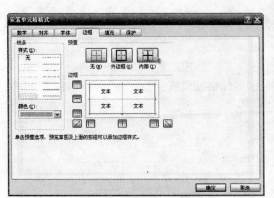

图 12-11　设置内部线条

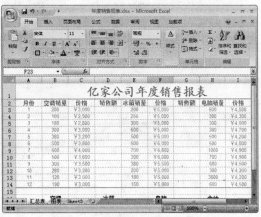

图 12-12　设置完成后的效果

05 选中 A16：J17 单元格区域，按照前面的方法添加外部边框和内部线条，如图 12-13 所示。

06 选中 B16：C16 单元格区域，然后单击"对齐方式"工具栏中的"合并后居中"按钮，然后将其他需要合并的单元格按照同样的方法进行合并，如图 12-14 所示。

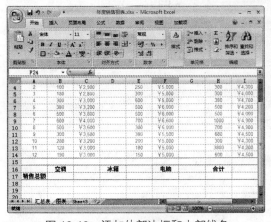

图 12-13　添加外部边框和内部线条

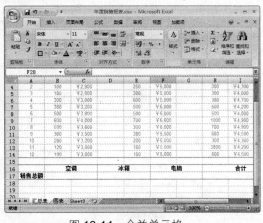

图 12-14　合并单元格

07 选中 A2：J2 单元格区域，在"字体"工具栏中单击"填充颜色"按钮，在弹出"颜色"下拉列表中选择"紫色"；选中 A16：J16 单元格区域，在"字体"工具栏中单击"填充颜色"按钮，在弹出"颜色"下拉列表中选择"黄色"，设置完成后的效果，如图 12-15 所示。

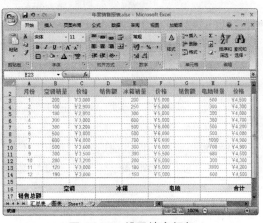

图 12-15　设置填充颜色

12.2.5 输入公式

现在需要输入公式来计算各种产品的销售额，在输入公式前最好先计划出相应单元格中应该输入的公式，输入公式的具体操作步骤如下。

01 单击选中 D3 单元格，然后在编辑栏中输入公式 "=B3*C3"，单击 "输入" 按钮 ✔ 确认输入，如图 12-16 所示。

02 将鼠标移动到 D3 单元格右下角的黑色填充柄上，当鼠标指针变为黑色的 **+** 形状时，按住鼠标左键向下拖动至 D14 单元格，将鼠标拖动经过的单元格都填充上公式，如图 12-17 所示。

图 12-16 在 D3 单元格中输入公式

图 12-17 填充公式

03 按照前面的步骤在 "冰箱" 和 "计算机" 的销售额列表中输入公式并填充公式，如图 12-18 所示。

04 单击选中 BC17 单元格，然后单击 "编辑" 工具栏中的 "求和" 按钮 **Σ**，这时系统会自动在单元格中输入求和公式，并以闪动的虚线指定求和单元格区域，如图 12-19 所示。

图 12-18 输入公式并填充公式

图 12-19 单击 "求和" 按钮 **Σ**

05 将鼠标移动到工作表窗口中，选中 D3 单元格，然后按住鼠标左键不放向下拖动至 D14 单元格，选中 D3：D14 单元格区域，如图 12-20 所示。

06 单击 "输入" 按钮 ✔ 确认输入，返回表格窗口，可以看见在 BC17 单元格中已经按照公式计算出空调的销售总额，如图 12-21 所示。

图 12-20　选取单元格区域

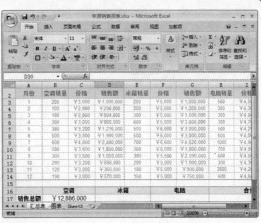

图 12-21　计算出结果

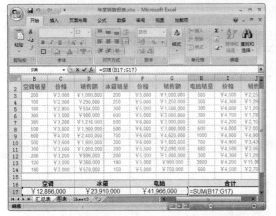

图 12-22　计算出结果

07 按照这样的方法在"冰箱"、"计算机"和"合计"单元格中输入对应的公式并计算出结果，如图 12-22 所示。

> **提示**
>
> 　　如在单元格中出现 ######
> 符号，表示该单元格宽度不够，不
> 能够完全显示单元格中的数据，可
> 以通过拖动对应列标的边缘来调
> 整单元格的宽度即可解决。

12.2.6　制作商品销量走势图表

　　折线图可以显示相同间隔内数据的预测趋势，因此用它来显示商品销量的走势，可以使销量的提高降低表现得直观形象，制作销量走势图表具体的操作步骤如下。

01 单击工作簿下方的"图表"工作表标签，切换到"图表"工作表，然后单击"插入"选项卡，在"图表"工具栏中单击"折线图"按钮 ，在弹出的菜单中选择"带数据标记的折线图"选项，如图 12-23 所示。

图 12-23　选择折线图类型

02 返回工作表窗口，可以看到已经插入了一个没有任何数据的空白"图表 1"，如图 12-24 所

1st Day

2nd Day

3rd Day

4th Day

5th Day

6th Day

7th Day

示。

03 双击插入的空白图表，在"数据"工具栏中单击"选择数据"按钮 ，如图 **12-25** 所示。

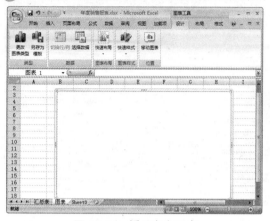

图 12-24　插入空白图表　　　　　　图 12-25　单击"选择数据"图标

04 随后弹出"选择数据源"对话框，在"图例项"选项组中单击"添加"按钮，如图 **12-26** 所示。在弹出的"编辑数据系列"对话框中输入系列名称"空调销量"，在"系列值"栏中输入 "=汇总表！$B$3:$B$14"，如图 **12-27** 所示。

图 12-26　单击"添加"按钮

图 12-27　设置参数

05 单击"确定"按钮返回"编辑数据系列"对话框中，继续在"图例项"列表框中单击"添加"按钮，在弹出的"编辑数据系列"对话框中输入系列名称"冰箱销量"，在"系列值"栏中输入 "=汇总表！$E$3:$E$14"，如图 **12-28** 所示。

06 单击"确定"按钮返回"编辑数据系列"对话框中，继续在"图例项"列表框中单击"添加"按钮，在弹出的"编辑数据系列"对话框中输入系列名称"计算机销量"，在"系列值"栏中输入 "=汇总表！$H$3:$H$14"，如图 **12-29** 所示。

图 12-28　设置参数　　　　　　　　图 12-29　设置参数

07 单击"确定"按钮返回"编辑数据系列"对话框,可以在"图例项"选项组中查看到刚才添加的图例项,如图 12-30 所示。

08 在"编辑数据系列"对话框中单击"确定"按钮返回工作表窗口,这时可以看见在空白图表中已经添加上了设置好的图例项目,如图 12-31 所示。

提示

在水平(分类)轴标签中可以设置水平轴的标签,比如我们也可以设置"1,4,6,8,10,12"这样的水平轴标签。

1st Day

2nd Day

3rd Day

4th Day

5th Day

6th Day

7th Day

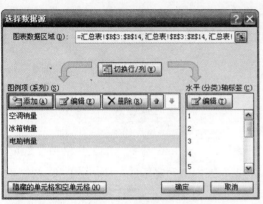

图 12-30 查看添加的图例项

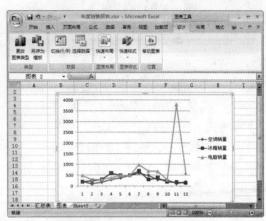

图 12-31 添加的图例项目

12.2.7 美化商品销量走势图表

在嵌入图表之后,会发现图表中都是数据,比较单调,我们可以对图表进行美化处理,让图表看起来更加美观,美化图表的具体操作步骤如下。

01 双击选中图表,然后单击"布局"选项卡,在"标签"工具栏中单击"图表标题"按钮,在弹出的菜单中选择"图表上方"选项,如图 12-32 所示。

02 选中插入的"图表标题"文本,重新输入"商品销量走势图"文本,如图 12-33 所示。

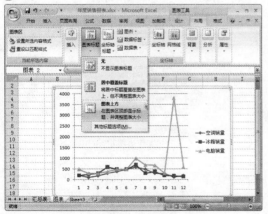

图 12-32 选择"图表上方"选项

图 12-33 输入"商品销量走势图"文本

03 双击选中图表,然后单击"格式"选项卡,在"形状样式"工具栏中单击"填充轮廓"右侧的"其他"按钮，在弹出的填充样式列表中选择一种样式，如图 12-34 所示。

04 确认选择返回工作表窗口，可以看见图表已经填充上了选择好的效果，如图 12-35 所示。

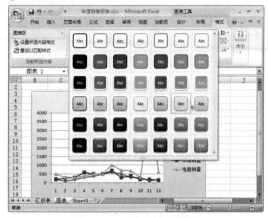

图 12-34　选择填充样式

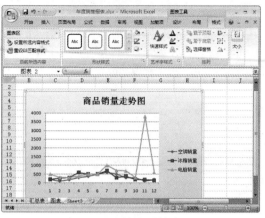

图 12-35　填充后的效果

05 单击选中右侧的"空调销量"所在的图例，当鼠标变为状态时按住鼠标左键不放拖动调整其在图表中的位置，如图 12-36 所示。

06 单击选中"空调销量"图例项，然后单击"开始"选项卡，在"字体"工具栏中设置其字体为"黑体"，字号为"9"，字体颜色为"紫色"，设置完成后的效果如图 12-37 所示。

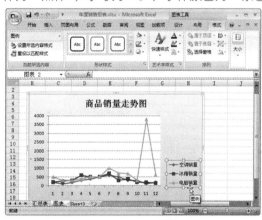

图 12-36　调整图例位置

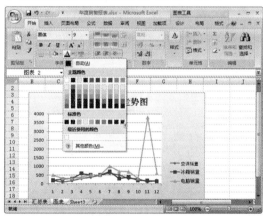

图 12-37　设置文本格式

07 按照前面的步骤为图表中其他的文本和坐标轴上面的数据项也设置好相应的格式；设置完成后的效果如图 12-38 所示。

08 使用鼠标单击选中图表区，在"字体"工具栏中的"填充颜色"列表中选择一种填充颜色，如图 12-39 所示。

09 确认选择返回工作表窗口，可以看见图表区已经填充上了设置好的颜色，如图 12-40 所示。

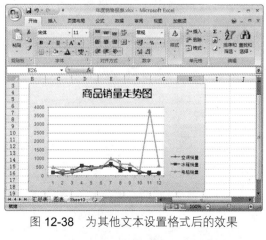

图 12-38　为其他文本设置格式后的效果

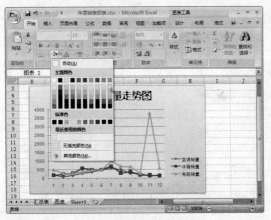

图 12-39 选择填充颜色

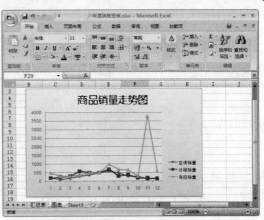

图 12-40 填充颜色后的效果

1st Day

2nd Day

3rd Day

4th Day

5th Day

6th Day

7th Day

12.2.8 制作商品价格走势图表

下面来制作该公司所出售的各种商品价格走势图表，用来显示商品每个月的价格走势，以方便管理人员对下一年价格做出调整。制作商品价格走势图表与制作商品销量走势图表的方法大致一样，具体的操作步骤如下。

01 单击工作簿下方的"图表"工作表标签，切换到"图表"工作表，然后单击"插入"选项卡，在"图表"工具栏中单击"折线图"按钮，在弹出的菜单中选择"折线图"选项，插入一个空白折线图，如图 12-41 所示。

02 双击插入的空白图表，在"数据"工具栏中单击"选择数据"按钮，弹出"选择数据源"对话框。

03 在该对话框的"图例项"列表框中单击"添加"按钮，在弹出的"编辑数据系列"对话框中输入系列名称"空调价格"，在"系列值"栏中输入"=汇总表! $C$3:$C$14"，如图 12-42 所示。

图 12-41 插入空白图表

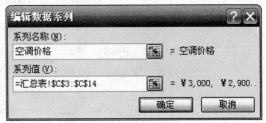

图 12-42 编辑数据系列

04 添加"冰箱价格"数据项，在系列中输入名称"冰箱价格"，在"系列值"栏中输入"=汇总表! $F$3:$F$14"；添加"计算机价格"数据项，输入系列名称"计算机价格"，在"系列值"栏中输入"=汇总表! $I$3:$I$14"，添加完数据后的图表如图 12-43 所示。

05 按照前面的方法美化图表，然后通过鼠标拖动调整图表在工作表中的位置，如图 12-44 所示。

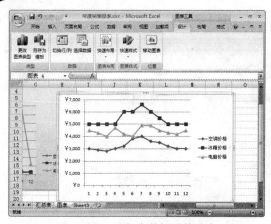

图 12-43　添加完数据后的图表

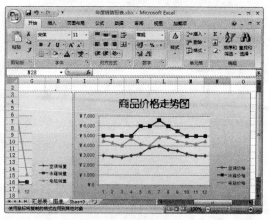

图 12-44　调整后的图表效果

12.2.9　制作年度销售额分布图

　　下面来制作该公司所出售的商品年度总的销售额分布图,这样来显示 3 种产品所占的比例,制作各商品年度销售额分布图的具体操作步骤如下。

01 单击工作簿下方的"汇总表"工作表标签,切换到"汇总表"工作表,然后单击选中 BC17 单元格,如图 12-45 所示。

02 单击"插入"选项卡,在"图表"工具栏中单击"饼图"按钮 ,在弹出的菜单中选择"饼图"选项,插入一个饼图,如图 12-46 所示。

图 12-45　选中 BC17 单元格

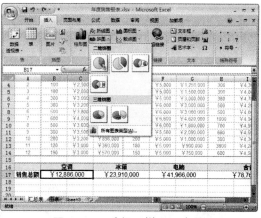

图 12-46　选择"饼图"选项

03 返回工作表窗口,可以看见在窗口中插入了一个饼图,如图 12-47 所示。

04 我们观察工作表中的饼图可以发现,图表中有些数据是不需要的,这里只需要"空调"、"冰箱"、"计算机" 3 种产品的销售额数据,不需要"合计"项,所以要把不需要的数据删除。在"数据"工具栏中单击"选择数据"按钮 ,弹出"选择数据源"对话框,然后在"图例项"列表框中单击"编辑"按钮,在弹出的"编辑数据系列"对话框中的"系列名栏"中输入"年度销售额分布图",在"系列值"栏中输入"=汇总表!$B$17:$G$17",如图 12-48 所示。

05 单击"确定"按钮确认设置返回"选择数据源"对话框,在该对话框中的"水平(分类)轴标签"列表框中可以发现刚才的"合计"项被删除了,如图 12-49 所示。

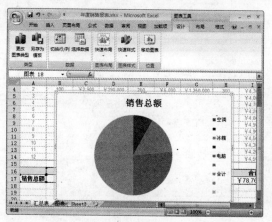

图 12-47 插入饼图

图 12-48 修改数据

1st Day
2nd Day
3rd Day
4th Day
5th Day
6th Day
7th Day

06 单击"确定"按钮确认设置返回工作表窗口，我们可以看见饼图中的"合计"项已经没有了，如图 12-50 所示。

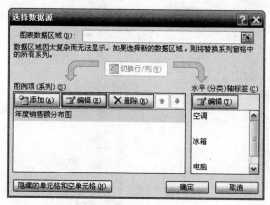

图 12-49 删除"合计"项

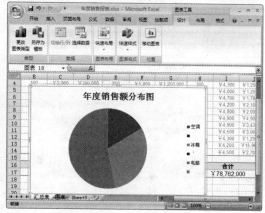

图 12-50 删除"合计"项后的图表效果

07 不过图中还有多余的图标，选中"空调"下面的图标，然后按下 Delete 键删除该图标，如图 12-51 所示。

08 按照前面的方法删除其他多余的图标，删除完成后的图表效果如图 12-52 所示。

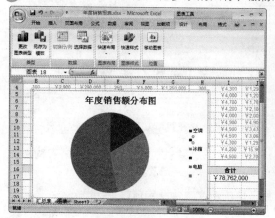

图 12-51 删除图标

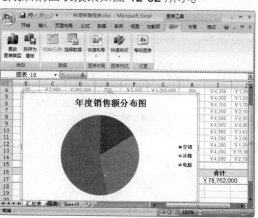

图 12-52 删除其他多余的图标

09 选中图表，按下 **Ctrl+X** 组合键剪切图表，然后单击工作簿下方的"图表"工作表标签，切换到"图表"工作表，接着按下 **Ctrl+V** 组合键粘贴图表，将"饼图"图表粘贴到"图表"工作表中，如图 **12-53** 所示。

10 按照前面的方法美化图表，然后通过鼠标拖动调整图表在工作表中的位置，最后在"图表布局"工具栏中单击"快速布局"，在弹出的菜单中选择"布局 1"，完成后的图表效果如图 **12-54** 所示。

图 12-53 粘贴图表

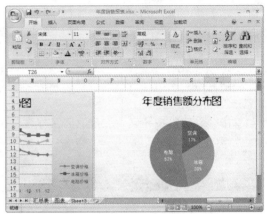

图 12-54 美化表格并调整位置

12.3 上机实战——制作连锁店销售表

最终效果

本例是制作一份连锁店销售表，最终效果如右图所示。

解题思路

连锁店销售表商品成本比较表的制作与普通的电子表格相似，重点是编辑公式，以及为单元格设置货币格式，最后还需要建立一个折线图。

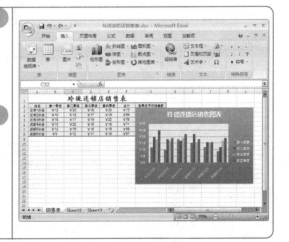

 步骤提示

01 新建一个空白 Excel 工作表，将工作表名称保存为"连锁店销售表"，接着在表格中输入各类数据，如图 **12-55** 所示。

02 选中 A2：G10 单元格区域，将选中的单元格区域中的文本中文字体设置为"黑体"，西文字体设置为"Aril"，字号设置为"9"，然后在"对齐方式"工具栏中单击"居中"按钮 ，设置完成后的表格效果图 **12-56** 所示。

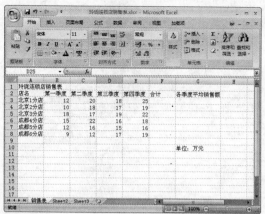

图 12-55　输入数据

图 12-56　设置文本格式

03 选中 F3 单元格，在"编辑"工具栏中单击的"自动求和"按钮 **Σ**，这样就在 F3 单元格中输入了求和公式，如图 **12-57** 所示。

04 确认求和公式正确以后，单击编辑栏上的"输入"按钮 ✔ 输入公式。然后按同样的方法将 F4：F8 单元格区域填充上求和公式，如图 **12-58** 所示。

图 12-57　输入求和公式

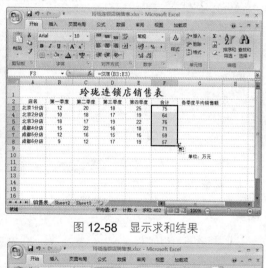

图 12-58　显示求和结果

05 选中 G3 单元格，在"编辑"工具栏中单击"自动求和"按钮右侧的下拉按钮 ▼，然后在弹出的菜单中选择"平均值"选项，如图 12-59 所示。

06 随后在 G3 单元格中填充上了计算单元格区域 B3：F3 平均值的公式，如图 12-60 所示，但是这里需要计算平均值的单元格区域为 B3：E3，所以在编辑栏中将公式"=AVERAGE (B3:F3)"修改为"=AVERAGE(B3:E3)"，这样就可以计算出第一季度到第四季度的销售平均值。然后用同样的方法将 G4：G8 单元格区域填充上平均值公式，如图 **12-61** 所示。

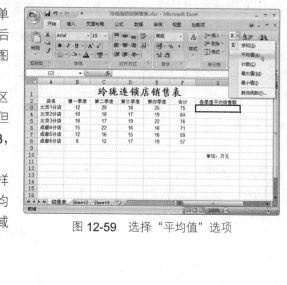

图 12-59　选择"平均值"选项

1st Day

2nd Day

3rd Day

4th Day

5th Day

6th Day

7th Day

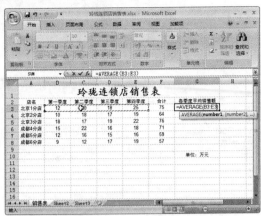

图 12-60 输入平均值公式

图 12-61 修改并填充平均值公式

07 选中单元格区域 A2：G8，为选中的单元格区域设置边框和填充色，如图 12-62 所示。

08 最后制作一个折线图表，完成后的效果如图 12-63 所示。

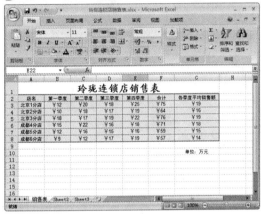

图 12-62 设置边框和填充颜色

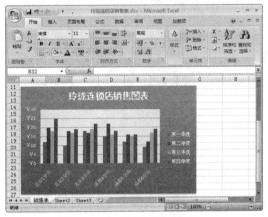

图 12-63 制作折线图表

12.4 巩固与练习

　　本章主要介绍了使用 Excel 2007 制作公司年度销售报表的相关知识，重点介绍了汇总表、价格走势图、员工信息表、月份销售比例图等的制作。希望通过本章知识的学习，使读者对图表的制作有更深入的了解。现在给大家准备了相关的习题进行练习，以对前面学习到的知识进行巩固。

练习题

　　（1）设置 Excel 工作表图表的标题及坐标标题等内容，需在"图表向导"的"图表选项"对话框中选择_____选项卡。

　　（2）在 Excel 2007 中，图表是将数据以图形的方式显示在图表中，当修改工作表中这些数据时，图表_____。

第5天

Chapter

PowerPoint 基本操作入门

13

7 天学会电脑办公

>> 学习内容

13.1 认识 PowerPoint 2007 的工作窗口
13.2 创建演示文稿
13.3 幻灯片的基本操作
13.4 为幻灯片添加内容
13.5 为幻灯片添加背景
13.6 为幻灯片添加动画效果

>> 学习重点

- 使用模板创建演示文稿
- 创建空白演示文稿
- 插入新幻灯片
- 选取幻灯片
- 移动与复制幻灯片
- 添加影片和声音
- 添加过渡背景
- 添加纹理背景
- 添加图案背景
- 选择预设动画方案
- 自定义动画效果

>> 精彩实例效果展示

◀ 工作窗口

◀ 插入图片

◀ 设置动画

13.1 认识 PowerPoint 2007 的工作窗口

PowerPoint 主要用于设计制作广告宣传、产品演示的电子版幻灯片，制作的演示文稿可以通过电脑屏幕或者投影机播放。利用 PowerPoint 做出来的东西叫演示文稿，它是一个文件。演示文稿中的每一页称为幻灯片，每张幻灯片是演示文稿中既相互独立又相互联系的内容。

启动 PowerPoint 2007 时，将会出现一个工作界面，如图 13-1 所示。其中除了用户常见的标题栏、菜单栏、工具栏、状态栏和任务窗格外，还有与其他软件界面不同的大纲窗口、幻灯片编辑区和备注窗格。

图 13-1 PowerPoint 2007 的工作界面

1．大纲窗口

大纲窗口中列出了演示文稿中的所有幻灯片，用于组织和开发演示文稿中的内容，可以输入演示文稿中的所有文本，然后重新排列项目符号、段落和幻灯片。

大纲窗口中有两个标签，分别是"大纲"标签和"幻灯片"标签。"大纲"标签中显示各幻灯片的具体文本内容，"幻灯片"标签显示各级幻灯片的缩略图。

2．幻灯片编辑区

该编辑区位于主界面之内，其中显示的是大纲窗口中选中的幻灯片，用户可以在这里详细地查看、编辑每张幻灯片。

3．备注窗格

备注窗格位于幻灯片编辑区的下方，在该窗格中可以为幻灯片添加注释说明。

13.2 创建演示文稿

演示文稿是由一张张独立的幻灯片组成的。把幻灯片放在一起进行逐张播放，就形成了演示文稿。演示文稿可以应用于很多方面，比如演示课件、互动宣传、网络出版等。

13.2.1 使用模板创建演示文稿

使用 PowerPoint 2007 提供的模板能创建出专业水平的演示文稿。模板能够让用户集中精力创建文稿的内容而不用花费时间去设计文稿的整体风格。用户可以使用模板来帮助创建演示文稿的结构方案，例如色彩配制、背景对象、文本格式和版式等。

使用模板创建演示文稿的操作步骤如下。

01 在 PowerPoint 窗口中单击"Office"按钮 ，在弹出的下拉菜单中选择"新建"命令，如图 13-2 所示。

02 随后打开"新建演示文稿"任务窗口，单击窗口中"模板"栏中的"已安装的模板"链接，在中间的窗格中会显示已安装的模板样式，选择"现代型相册"模板，如图 13-3 所示。

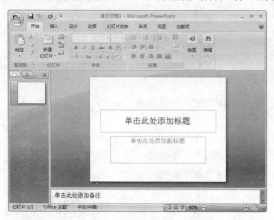

图 13-2　选择"新建"命令

图 13-3　选择"现代型相册"模板

03 单击"创建"按钮即可创建演示文稿，按照"现代型相册"模板创建好的演示文稿如图 13-4 所示。

04 单击幻灯片编辑区中的文本框，即可在文本框中输入自己想展示的语言，如图 13-5 所示。

图 13-4　创建好的演示文稿

图 13-5　输入文本

13.2.2　创建空白演示文稿

如果需要用户自己设计演示文稿的版式，可以创建空白演示文稿，然后自己向演示文稿中添加各种元素，创建空白演示文稿的方法有以下两种。

（1）单击"快速访问工具栏" 中的"新建"按钮即可。

（2）直接按下 Ctrl+N 组合键就可以快速创建一个空白的演示文稿。

1st Day
2nd Day
3rd Day
4th Day
5th Day
6th Day
7th Day

13.3 幻灯片的基本操作

演示文稿是由幻灯片组成的，因此要制作出成功的演示文稿，首先要熟悉幻灯片的基本操作，例如幻灯片的插入、选取、复制、移动、删除、放映等操作。

13.3.1 插入新幻灯片

在编辑演示文稿的时候如果幻灯片页面不够，就需要插入新的幻灯片，在 PowerPoint 2007 中插入新幻灯片的方法如下。

01 打开一个演示文稿，在"幻灯片"工具栏中单击"新建幻灯片"按钮，然后在弹出的菜单中选择一种幻灯片样式，如图 13-6 所示。

02 返回演示文稿窗口，可以看见在幻灯片"1"后面插入了一个新的幻灯片，如图 13-7 所示。

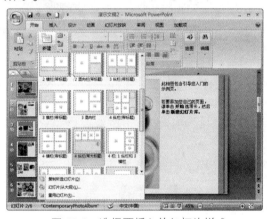

图 13-6　选择要插入的幻灯片样式

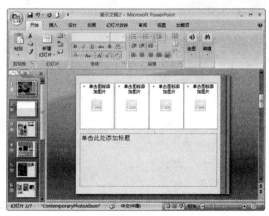

图 13-7　插入新的幻灯片

13.3.2 选取幻灯片

在对幻灯片进行移动、删除、复制等操作时，首先需要选中目标幻灯片，选中幻灯片的方法如下。

（1）单击单张幻灯片可选中当前幻灯片。

（2）如果要选中多张连续的幻灯片，可先单击第 1 张幻灯片，然后按住 Shift 键单击最后一张幻灯片。

（3）如果要选中多张不连续的幻灯片，可先单击第 1 张幻灯片，然后按住 Ctrl 键单击其他的幻灯片。

13.3.3 移动与复制幻灯片

在幻灯片浏览视图中，用户可以通过鼠标拖动或用剪贴板的方法移动或复制幻灯片。

1. 移动幻灯片

使用鼠标拖动的方式移动幻灯片的操作步骤如下。

01 选中需移动的幻灯片，将鼠标指针移动到选中的幻灯片上，然后按住左键拖动，如图 13-8 所示。

02 在拖动过程中，屏幕上会出现一个竖条来表示插入位置，当竖条移动到所需位置时松开鼠标即可，如图 13-9 所示。

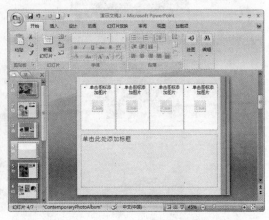

图 13-8 按住左键拖动   图 13-9 移动到目标位置的幻灯片

2．复制幻灯片

通过剪贴板复制幻灯片的操作步骤如下。

01 选中需复制的幻灯片，然后单击"剪贴板"工具栏中的"复制"按钮，将选中的幻灯片保存到剪贴板中，如图 13-10 所示。

02 将光标定位到需要粘贴幻灯片的目标位置处，单击"剪贴板"工具栏中的"粘贴"按钮，即可将幻灯片粘贴到当前幻灯片的下面，如图 13-11 所示。

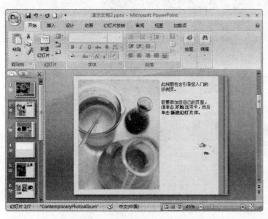

图 13-10 单击"复制"按钮   图 13-11 单击"粘贴"按钮

13.3.4 删除幻灯片

在普通视图和幻灯片浏览视图中删除幻灯片的具体操作步骤如下。

01 选中需要删除的幻灯片，如图 13-12 所示。

02 直接按下键盘上面的 Delete 键删除当前幻灯片，删除当前幻灯片后，原来的第 2 张幻灯片变成第 1 张，如图 13-13 所示。

1st Day
2nd Day
3rd Day
4th Day
5th Day
6th Day
7th Day

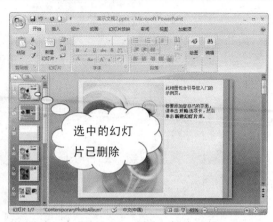

图 13-12　选中幻灯片　　　　　　　　图 13-13　删除幻灯片

13.3.5　放映幻灯片

幻灯片制作完成后，用户需要通过放映幻灯片观看演示文稿，放映幻灯片的具体操作步骤如下。

01 打开一个演示文稿，然后单击演示文稿状态栏中的"幻灯片放映"按钮🖳或者按下键盘上面的 **F5** 键，开始放映幻灯片，如图 13-14 所示。

02 当进入幻灯片放映方式时，演示文稿中的幻灯片将全屏显示。首先出现当前演示文稿的第 1 张幻灯片，单击鼠标左键或按下 **Enter** 键，将依次显示第 2 张、第 3 张等，如图 13-15 所示。

03 在幻灯片放映过程中，如果要退出放映，按键盘上的 **Esc** 键即可。

图 13-14　执行放映操作　　　　　　　图 13-15　开始放映

13.4　为幻灯片添加内容

一个精美的演示文稿包含有文本、图片、表格、声音、视频等元素，我们只有将这些元素完美地结合在一起才能够做出精美、专业的演示文稿。

13.4.1　添加文本

文本是幻灯片最基本的元素，在幻灯片中添加文本的方法主要有 4 种：根据版式占位符设置文本、使用文本框输入文本、自选图形文本和艺术字。最简单的方法就是使用文本框输入文字，具体操作步骤如下。

01 打开一个演示文稿，选中需要添加文本的幻灯片，然后单击"插入"选项卡，在"文本"工具栏中单击"文本框"按钮，在弹出的菜单中选择"横排文本框"选项，如图 13-16 所示。

02 当鼠标变为↓图标时按住鼠标左键不放在幻灯片中拖动绘制文本框，然后将光标定位到文本框中输入文本即可，如图 13-17 所示。

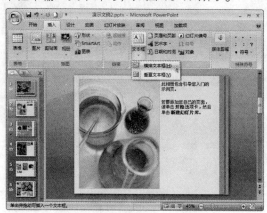

图 13-16　选择"横排文本框"选项

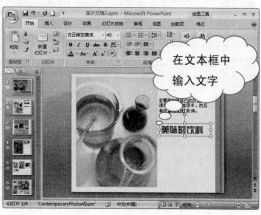

图 13-17　绘制文本框并输入文本

1st Day

2nd Day

3rd Day

4th Day

5th Day

6th Day

7th Day

13.4.2　插入图片

通过插入剪贴画、图片或者艺术字等方法，能够使幻灯片看起来更加精美，更能吸引人注意，也更加能够辅助表达幻灯片的主题内容。

1. 插入剪贴画

在 PowerPoint 2007 中插入剪贴画的方法有很多种，最常用的是使用选项卡中的命令来插入剪贴画，具体操作步骤如下。

01 打开一个演示文稿，选中需要插入剪贴画的幻灯片，然后单击"插入"选项卡，在"插图"工具栏中单击"剪贴画"按钮，如图 13-18 所示。

02 随后在右侧出现"剪贴画"窗口，在该窗口中单击"管理剪辑…"链接，如图 13-19 所示。

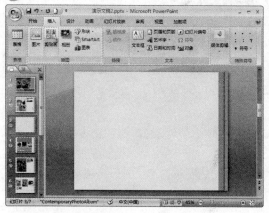

图 13-18　单击"剪贴画"按钮

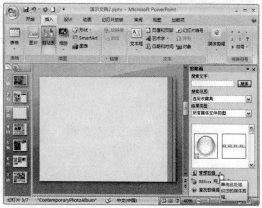

图 13-19　单击"管理剪辑…"链接

03 在打开的"剪辑管理器"窗口中单击"收藏集列表"中的任意项，然后在右侧的窗口中选择需要的图形，接着单击图片右侧的下拉图标，在弹出的菜单中选择"复制"命令，如图 **13-20** 所示。

04 关闭"收藏夹"窗口返回幻灯片窗口，按下键盘上面的的 **Ctrl+V** 组合键粘贴图片，这样就在幻灯片中插入了选择的剪贴画，如图 **13-21** 所示。

图 13-20　复制剪贴画　　　　　　图 13-21　插入剪贴画后的效果

2．插入来自文件的图片

用户可以在幻灯片中插入文件中精美的图片，这样可以使演示文稿能够更美观和清楚地表达主题内容，在幻灯片中插入来自文件的图片的具体操作步骤如下。

01 打开一个演示文稿，选中需要插入图片的幻灯片，然后单击"插入"选项卡，在"插图"工具栏中单击"图片"按钮，如图 **13-22** 所示。

02 随后打开"插入图片"对话框，在该对话框中选择需要插入的图片，然后单击"插入"按钮，这样就在幻灯片中插入了所选图形，如图 **13-23** 所示。

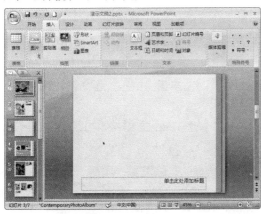
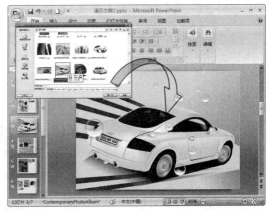

图 13-22　单击"图片"按钮　　　　　图 13-23　插入图片后的效果

3．插入艺术字

艺术字是利用现有的文本创建特殊的文字效果，比如为选中的文本添加外边框阴影或者弧形等效果，添加艺术字的具体操作步骤如下。

01 打开一个演示文稿，选中需要插入艺术字的幻灯片，然后单击"插入"选项卡，在"文本"工具栏中单击"文本框"按钮，在弹出的菜单中选择"横排文本框"选项，并输入"夏日恋情"文本，如图 **13-24** 所示。

02 将光标定位到文本框中，通过拖动选中"夏日恋情"文本，然后单击"开始"选项卡，在

"字体"工具栏中设置字体为"楷体"，字号为"60"，字体颜色为"白色"，设置完成后的文本效果，如图 13-25 所示。

图 13-24　绘制文本框并输入文本　　　　　图 13-25　设置文本格式

03 保持"夏日恋情"文本为选中状态，单击"格式"选项卡，在"艺术字样式"工具栏中单击"文本效果"按钮 A，在弹出的菜单中选择"发光"选项，然后在弹出的下级菜单中选择一种发光样式，如图 13-26 所示；接着选择"映像"选项，在弹出的下级菜单中选择一种映像样式，如图 13-27 所示。

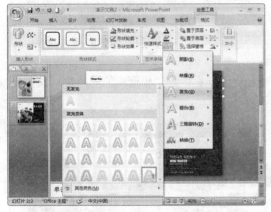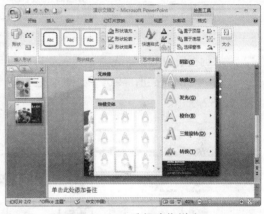

图 13-26　选择发光样式　　　　　　　　　图 13-27　选择映像样式

04 返回幻灯片窗口，可以看见"夏日恋情"文本已经设置好了艺术字效果，如图 13-28 所示。

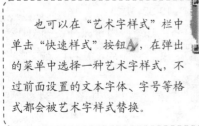

提示

也可以在"艺术字样式"栏中单击"快速样式"按钮 A，在弹出的菜单中选择一种艺术字样式，不过前面设置的文本字体、字号等格式都会被艺术字样式替换。

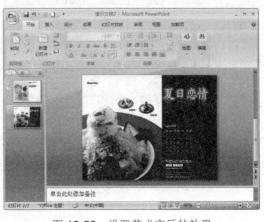

图 13-28　设置艺术字后的效果

1st Day

2nd Day

3rd Day

4th Day

5th Day

6th Day

7th Day

4．插入相册

在 PowerPoint 2007 中利用相册功能可以展示个人相片或者产品图集，用户可以在相册中应用丰富多彩的主题，例如插入图表和表格、添加标题、调整顺序和版式等，还可以在图片周围添加相框，使相册更加美观，插入相册的具体操作步骤如下。

01 新建一个演示文稿，单击"插入"选项卡，在"文本"工具栏中单击"相册"按钮，在弹出的菜中选择"新建相册"选项，如图 13-29 所示。

02 随后打开"相册"对话框，在该对话框中单击"文件/磁盘"按钮，如图 13-30 所示。

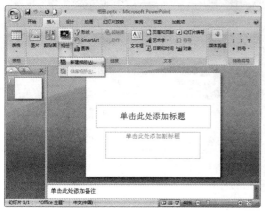
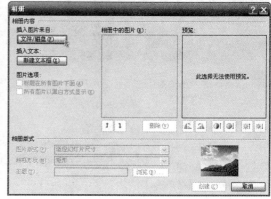

图 13-29　选择"新建相册"选项　　　　图 13-30　单击"文件/磁盘"按钮

03 随后打开"插入新图片"对话框，在该对话框中按住键盘上面的 Ctrl 键使用鼠标单击选择需要添加到相册中的多张图片，如图 13-31 所示。

04 单击"插入"按钮，将选中的图片插入到"相册"对话框中的"相册中的图片"列表框中，如图 13-32 所示。

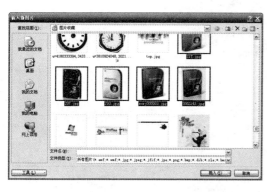
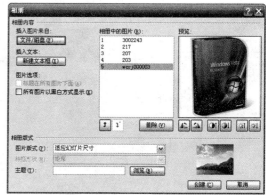

图 13-31　选择图片　　　　　　　　图 13-32　插入图片

05 在"相册中的图片"列表框中单击图片名称，在右侧的"预览"窗口中可以预览到图片效果，并可以通过"预览"窗口下方的图片调节按钮调整图片的亮度、对比度，并可以改变图片在相册中的摆放方向，如图 13-33 所示。

06 再单击"创建"按钮，这样就创建好了一个标题为"相册"的演示文稿，如图 13-34 所示。

第 13 章　PowerPoint 基本操作入门

图 13-33　预览并调整图片

图 13-34　创建相册

13.4.3　添加影片和声音

一个优秀的演示文稿，不仅需要生动的文字、优美的图片还可以搭配动听的声音和精彩的影片，这样可以使幻灯片中的内容更加富有活力。

1．添加影片

在 PowerPoint 2007 中为演示文稿添加影片的具体操作步骤如下。

01 打开一个演示文稿，选中需要插入影片的幻灯片，然后单击"插入"选项卡，在"媒体剪切"工具栏中单击"影片"按钮，如图 13-35 所示。

02 随后打开"插入影片"对话框，在该对话框选择一个视频文件，单击"确定"按钮确认选择。这时会弹出提示对话框，在该对话框中单击"自动"按钮，返回幻灯片窗口，这时在幻灯片中会出现一个影片窗口，表示插入视频成功，用鼠标双击图标可以播放影片，下次放映该幻灯片时插入的影片就会在幻灯片中自动播放，如图 13-36 所示。

图 13-35　单击"影片"按钮

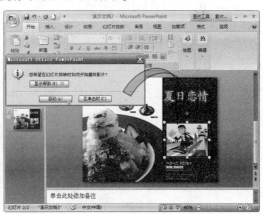

图 13-36　插入并放映影片

2．添加声音

在 PowerPoint 2007 中为演示文稿添加声音的具体操作步骤如下。

01 打开一个演示文稿，选中需要插入声音的幻灯片，然后单击"插入"选项卡，在"媒体剪切"工具栏中单击"声音"按钮，如图 13-37 所示。

1st Day

2nd Day

3rd Day

4th Day

5th Day

6th Day

7th Day

02 随后打开"插入声音"对话框，在该对话框选择一个音频文件，单击"确定"按钮确认选择，这时会弹出提示对话框，在该对话框中单击"在单击时"按钮。返回幻灯片窗口，这时在幻灯片中会出现一个 图标，表示插入声音成功，用鼠标双击 图标可以播放声音，下次在放映幻灯片播放到该幻灯片时单击后就会响起动听的音乐了，如图 13-38 所示。

图 13-37 单击"声音"按钮	图 13-38 插入并播放声音

 ## 13.5 为幻灯片添加背景

幻灯片的画面色彩和背景图案往往能够决定一份演示文稿制作的成败，在 PowerPoint 2007 中用户可以利用幻灯片的设计功能，来为幻灯片设置单色、过渡色、图案或纹理等背景。

13.5.1 添加单色背景

在 PowerPoint 2007 中为幻灯片添加单色背景的具体操作步骤如下。

01 打开一个背景为白色的演示文稿，选中需要添加单色背景的任一幻灯片，然后单击"设计"选项卡，在"背景"工具栏中单击右侧的 按钮，在打开的"设置背景格式"对话框中选择"填充"选项，选中"纯色填充"单选按钮，然后在颜色列表框中选择一种颜色，如图 13-39 所示。

02 单击"全部应用"按钮应用背景颜色，单击"关闭"按钮关闭"设置背景格式"对话框返回幻灯片窗口，可以看见已经为演示文稿的所有幻灯片填充上了选择的颜色，如图 13-40 所示。

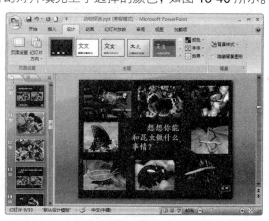

图 13-39 选择一种颜色	图 13-40 添加的单色背景

13.5.2　添加过渡背景

在 PowerPoint 2007 中为幻灯片添加过渡背景的具体操作步骤如下。

01 打开一个背景为白色的演示文稿，选中需要添加过渡背景的幻灯片，然后单击"设计"选项卡，在"背景"工具栏中单击右侧的 按钮，在打开的"设置背景格式"对话框中单击"填充"选项，选中"渐变填充"单选按钮，按照图 13-41 所示设置渐变参数。

02 单击"关闭"按钮关闭"设置背景格式"对话框返回幻灯片窗口，可以看见已经为当前幻灯片填充上了设置好的渐变色，如图 13-42 所示。

1st Day
2nd Day
3rd Day
4th Day
5th Day
6th Day
7th Day

图 13-41　设置渐变参数　　　图 13-42　填充渐变色后的效果

13.5.3　添加纹理背景

在 PowerPoint 2007 中为幻灯片添加纹理背景的具体操作步骤如下。

01 打开一个背景为白色的演示文稿，选中需要添加纹理背景的幻灯片，然后单击"设计"选项卡，在"背景"工具栏中单击右侧的 按钮，在打开的"设置背景格式"对话框中选择"填充"选项，选中"图片或纹理填充"单选按钮，接着在"纹理"下拉列表中选择一种填充纹理，如图 13-43 所示。

02 单击"关闭"按钮关闭"设置背景格式"对话框返回幻灯片窗口，可以看见已经为当前幻灯片填充上了设置好的纹理背景，如图 13-44 所示。

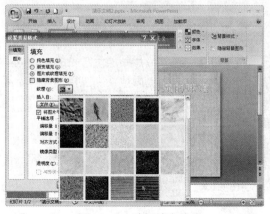

图 13-43　选择填充纹理　　　图 13-44　填充纹理后的效果

13.5.4　添加图案背景

在 PowerPoint 2007 中为幻灯片添加图案背景的具体操作步骤如下。

01 打开一个背景为白色的演示文稿，选中需要设置背景的幻灯片，然后单击"设计"选项卡，在"背景"工具栏中单击右侧的■按钮，在打开的"设置背景格式"对话框中选择"填充"选项，选中"图片或纹理填充"单选按钮，接着在"插入白"栏中单击"文件"按钮，如图 13-45 所示。

02 在弹出的"插入图片"对话框中选择一张图片，单击"插入"按钮确认选择返回"设置背景格式"对话框，然后单击"关闭"按钮关闭"设置背景格式"对话框返回幻灯片窗口，可以看见已经为当前幻灯片填充上了设置好的图案背景，如图 13-46 所示。

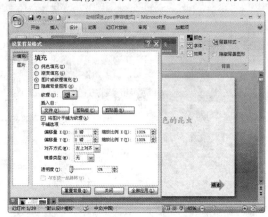

图 13-45　单击"文件"按钮

图 13-46　填充图案背景

13.6　为幻灯片添加动画效果

为了丰富演示文稿的播放效果，加强幻灯片在视觉上的效果，增加幻灯片的趣味性，我们可以为幻灯片的对象添加特殊的动画效果，例如飞入、擦除和淡入等。

13.6.1　选择预设动画方案

动画方案是 PowerPoint 2007 提供的一项新功能，通过该功能可使用户在演示文稿中设置出专业的动画效果。

动画方案包括一整套完整的动画设置；用户只需要简单地将其应用到演示文稿的一张或多张幻灯片中，即可为这些幻灯片中的文本框以及其他各种对象添加动画效果。选择动画方案的具体操作步骤如下。

01 打开一个演示文稿，选择需要设置动画效果的对象，在选择对象的时候可以按住键盘上的 **Ctrl** 键然后选择需要的多个对象，如图 13-47 所示。

02 单击"动画"选项卡，在"动画"工具栏中单击"无动画"项后面的下拉按钮▼，在弹出的下拉列表中选择"整批发送"选项，这样就为选中的文本设置好了文本从隐藏到逐渐显示的动画效果，如图 13-48 所示。

图 13-47　选择对象

图 13-48　选择"整批发送"选项

1st Day

2nd Day

3rd Day

4th Day

5th Day

6th Day

7th Day

13.6.2　自定义动画效果

在 PowerPoint 2007 中，用户还可以针对某个对象进行单独的动画设置。设置自定义动画的具体操作步骤如下。

01 打开一个演示文稿，选择需要设置动画效果的对象，单击"动画"选项卡，在"动画"工具栏中单击"自定义动画"按钮🔳，打开"自定义动画"窗口，如图 13-49 所示。

02 在"自定义动画"窗口单击"添加效果"按钮，在弹出的菜单中选择"进入"选项，接着在弹出的下级菜单中选择"百叶窗"效果，这样就为选中的对象设置好了动画效果，单击"播放"按钮可以在左边的窗口中预览到设置的动画效果，如图 13-50 所示。

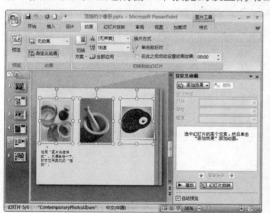

图 13-49　打开"自定义动画"窗口

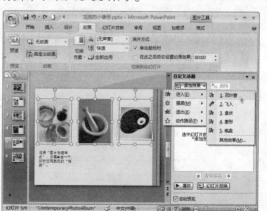

图 13-50　设置动画效果

13.6.3　幻灯片的切换

幻灯片切换就是在放映幻灯片时，一张幻灯片放映完毕，下一张幻灯片会以某种显示方式出现在屏幕中，制作幻灯片切换的具体操作步骤如下。

01 打开一个演示文稿，单击"动画"选项卡，在"切换到此幻灯片"工具栏中单击"切换方案"按钮▉，在弹出的菜单中选择"新闻快报"选项，如图 13-51 所示。

02 返回幻灯片窗口，单击"切换声音" 🔊 栏右侧的下拉按扭 ⬇，在弹出的菜单中选择"照相机"选项；接着单击"切换速度" 🏃 栏右侧的下拉按钮 ⬇，在弹出的菜单中选择"中速"选项，最后单击"全部应用"按钮，将整个演示文稿中的幻灯片都设置成与当前幻灯片相同的切换方式，如图 **13-52** 所示。

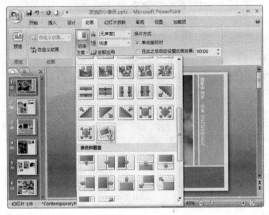
图 13-51　设置切换方案

图 13-52　设置其他切换参数

03 单击"预览"按钮，即可在幻灯片编辑区预览到设置的幻灯片切换效果。

🕐 13.7 巩固与练习

　　本章主要介绍了 PowerPoint 2007 基础操作的相关知识，重点介绍了创建演示文稿、添加幻灯片内容、添加背景以及添加动画效果等内容。希望读者通过本章知识的学习，能对 PowerPoint 2007 的基本操作有一个全面、系统的了解。

● 练习题

　　（1）创建演示文稿有＿＿＿＿＿＿＿、＿＿＿＿＿＿＿、＿＿＿＿＿＿＿几种。

　　（2）放映幻灯片的方法有＿＿＿＿＿＿＿种。

　　（3）可以为幻灯片添加＿＿＿＿＿＿种背景样式。

第**5**天

Chapter

新产品发布演示文稿 **14**

►► 学习内容

14.1 相关知识介绍

14.2 实例制作详解

14.3 上机实战

14.4 巩固与练习

►► 学习重点

- 设置幻灯片背景
- 输入文本并设置格式
- 插入图片
- 设置图片格式
- 制作放映控制按钮
- 自定义幻灯片动画
- 添加视频文件

►► 精彩实例效果展示

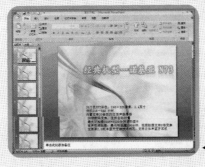

◄ 输入文本

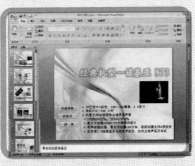

◄ 插入视频

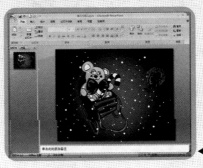

◄ 制作动画

7天学会电脑办公

14.1 相关知识介绍

随着时代的不断发展，越来越多的商家开始采用多媒体方式来推介新产品，在多媒体中配合图片、音效等，可以让人们深入地了解产品的外观、特点以及功能等。本章将介绍一个新产品发布演示文稿的制作，利用多个幻灯片之间的变幻，互动控制，取得多姿多彩的动画效果，使用户在欣赏产品的同时，也得到了美的享受。

PowerPoint 2007 除了可以用于制作一般的演示文稿效果外，还可以通过图片的美化展示产品的外观信息。使用多种类型的链接，可制作出具有互动效果的演示文稿。再为幻灯片添加上动画，以动态方式完成整个展示过程，最终可以制作出具有强大吸引力的产品发布演示文稿。

为了使读者能够更好地完成新产品发布演示文稿的设计，下面提供一些相关的建议和注意事项。

（1）首先要结合产品的特点和功能，规划出演示文稿的结构，比如外观的展示，特色功能的展示等。

（2）不同类型的产品，展示方式也应当有所不同。

（3）注重按钮或超链接的设计，以便详细地呈现产品的各个方面。

（4）为了获得好的图片效果，可以先为产品进行多角度的拍摄。

（5）录制相关的视频或是制作相关的动画素材，以便为幻灯片加入精彩的多媒体资料。

制作新产品发布演示文稿需要注意两点：外观的精美和互动放映。为了使演示文稿外观精美能够互动放映，需要应用精美的图片、动画效果，以及添加导航功能。

14.2 实例制作详解

本实例制作的是新产品发布演示文稿，为了使演示文稿具备外观的精美和互动放映，需要应用精美的图片、多媒体和动画效果，以及添加导航功能。

🔍 **难度系数** ☑ ☑ ☑

⏰ **学习时间** 40 分钟

📺 **学习目的** 设置图片显示效果
制作动态导航界面
添加多媒体资料

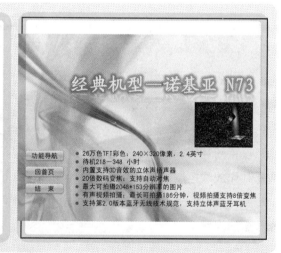

14.2.1 设置幻灯片背景

一个精美的演示文稿首先在外观上要精美，这就需要有合适主题的背景作衬托，设置幻灯片背景的具体操作步骤如下。

01 新建一个空白演示文稿，然后单击"设计"选项卡，在"背景"工具栏中单击右侧的 按钮，在打开的"设置背景格式"对话框中选择"填充"选项，选中"图片或纹理填充"单选按钮，接着在"插入自"选项组中单击"文件"按钮，如图 **14-1** 所示。

02 在打开的"插入图片"对话框中选择一张图片，单击"插入"按钮确认选择返回"设置背景格式"对话框，单击"全部应用"按钮为所有幻灯片都设置相同的背景，然后单击"关闭"按钮关闭"设置背景格式"对话框返回幻灯片窗口，可以看见已经为当前幻灯片填充上了设置好的图案背景，如图 **14-2** 所示。

1st Day

2nd Day

3rd Day

4th Day

5th Day

6th Day

7th Day

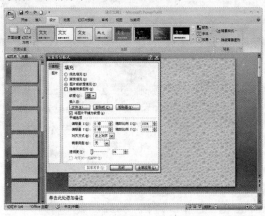
图 14-1　单击"文件"按钮

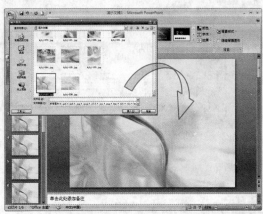
图 14-2　填充图案背景

14.2.2　输入文本并设置格式

　　演示文稿中文本的作用是说明和指导，精彩的说明可以起到画龙点睛的作用，输入文本并设置格式的具体操作步骤如下。

01 单击"插入"选项卡，在"文本"工具栏中单击"文本框"按钮，在弹出的菜单中选择"横排文本框"选项，当鼠标变为 图标时按住鼠标左键不放在幻灯片中拖动绘制文本框，然后将光标定位到文本框中输入编辑好的文本，如图 **14-3** 所示。

02 选中"经典机型—诺基亚 **N73**"文本，单击"开始"选项卡，在"字体"工具栏中设置其字体为"楷体"，字形为"加粗"，字号为"54"，字体颜色为"白色"，设置完成后的效果如图 **14-4** 所示。

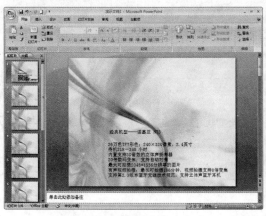
图 14-3　输入文本

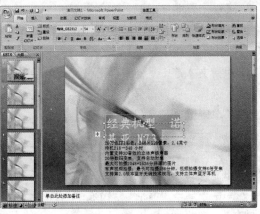
图 14-4　设置文本格式

03 单击"格式"选项卡,在"艺术字样式"工具栏中单击"文本效果"按钮 A▾,在弹出的菜单中选择"发光"选项,然后在弹出的下级菜单中选择一种发光样式,如图 14-5 所示;接着选择"映像"选项,在弹出的下级菜单中选择一种映像样式,如图 14-6 所示。

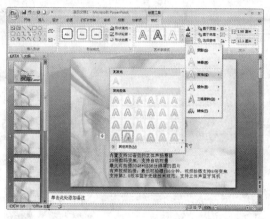

图 14-5 选择发光样式   图 14-6 选择映像样式

04 返回幻灯片窗口,可以看见"经典机型—诺基亚 N73"文本已经设置好了艺术字效果,如图 14-7 所示。

05 将鼠标移动到文本框上面,当鼠标变为 ↖ 鼠标左键不放拖动调整文本框的大小,让文本框中的文字正常显示,调整文本框的位置,如图 14-8 所示。

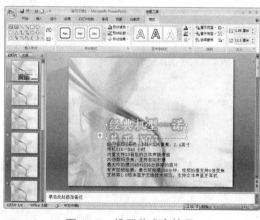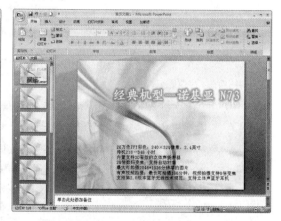

图 14-7 设置艺术字效果   图 14-8 调整文本框

06 选中下面文本框中的文本,单击"开始"选项卡,在"字体"工具栏中设置其字体为"黑体",字号为"20",字体颜色为"黑色"。

07 保持文本选中状态,然后右击,在弹出的菜单中选择"项目符号"选项,然后在弹出的下级菜单中选择"项目符号和编号"选项,如图 14-9 所示。

08 在打开的"项目符号和编号"对话框中选择一种圆形编号,设置其大小为"80%",颜色为"橙色",单击"确定"按钮返回幻灯片窗口,通过鼠标拖动调整文本框的位置,设置完成后的效果如图 14-10 所示。

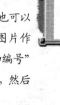

提示

在设置项目符号的时候,也可以使用软件提供的图标或导入图片作为项目符号,在"项目符号和编号"对话框中选单击"图片"按钮,然后在弹出的窗口中即可设置。

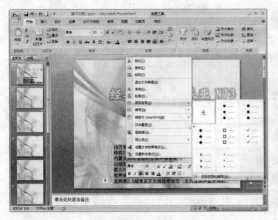

图 14-9 选择"项目符号和编号"选项

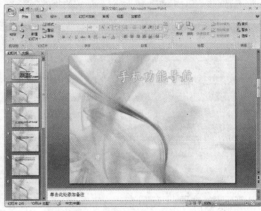

图 14-10 设置完成后的效果

09 在演示文稿的其他幻灯片中输入编辑好的文字,如图 **14-11** 所示。按照前面的方法为输入的文字设置格式,设置完成后的效果,如图 **14-12** 所示。

1st Day

2nd Day

3rd Day

4th Day

5th Day

6th Day

7th Day

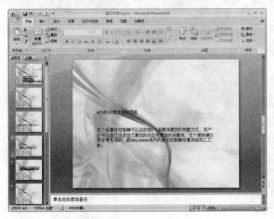

图 **14-11** 输入其他文本

图 **14-12** 设置文本格式后的效果

14.2.3 插入图片

01 选中需要插入手机图片的幻灯片,然后单击"插入"选项卡,在"插图"工具栏中单击"图片"按钮 ,打开"插入图片"对话框。

02 在"插入图片"对话框中选择需要插入的手机图片,然后单击"插入"按钮,这样就在幻灯片中插入了所选图片,如图 **14-13** 所示。

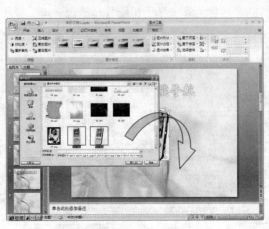

图 **14-13** 插入手机素材图片

在幻灯片中插入图片后会发现图片的白色背景将幻灯片背景遮挡住了，看起来效果不太好，所以需要将图片的背景去掉，有时为了使图片的摆放更加美观，还需要对图片进行旋转处理，通过这些操作使图片看起来更加协调美观，下面我们从几个方面对图片进行设置。

1．调整图片大小

01 选中刚才插入手机素材图片中的一张图片，然后将鼠标移动到图片四周的控制点上，当鼠标指针变为双箭头形状时按住鼠标左键不放拖动调整图片大小，如图 **14-14** 所示。

02 将图片调整到合适大小后松开鼠标左键确认调整，然后通过拖动调整图片位置，如图 **14-15** 所示。

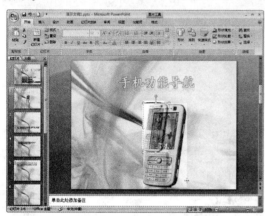 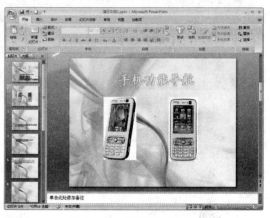

图 14-14　调整图片大小　　　　　　　图 14-15　调整图片位置

2．去掉图片背景色

01 选中幻灯片编辑窗口中左边的手机图片，然后单击"格式"选项卡，在"调整"工具栏中单击"重新着色"按钮，在弹出的菜单中选择"设置透明色"选项，如图 **14-16** 所示。

02 随后鼠标变为状，将鼠标移动到手机图片的白色背景上单击，去掉图片的白色背景，用同样的方法将另外一张手机图片背景也去掉，如图 **14-17** 所示。

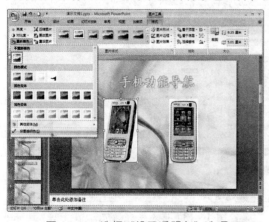 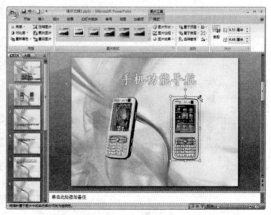

图 14-16　选择"设置透明色"选项　　　图 14-17　去掉背景后的效果

3. 旋转图片

01 选中幻灯片编辑窗口中左边的手机图片，然后将鼠标移动到图片上方的旋转控制点◎上，如图 **14-18** 所示。

02 当鼠标变为 状时按住鼠标左键不放左右拖动旋转图片，旋转后的图片效果如图 **14-19** 所示。

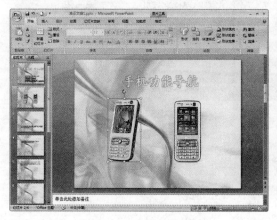

图 14-18　移动鼠标　　　　　　　　图 14-19　旋转图片

4. 调整图片的亮度

01 选择第 3 张幻灯片，在幻灯片中插入两张手机素材图片，按照前面的方法去掉图片背景并调整图片的位置，如图 **14-20** 所示。

02 观察图片发现右边的素材图片亮度有点低，双击选中该图片，在"调整"工具栏中单击"亮度"按钮 ，在弹出的菜单中选择"**+10%**"选项，这样就调高了图片的亮度，如图 **14-21** 所示。

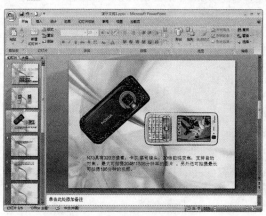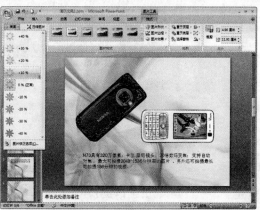

图 14-20　插入图片并调整图片　　　　图 14-21　选择"+10%"选项

5. 调整图片的对比度

01 双击选中左边的素材图片，在"调整"工具栏中单击"对比度"按钮 ，在弹出的菜单中选择"**+20%**"选项，如图 **14-22** 所示。

02 确认设置返回幻灯片编辑窗口，可以看见左边的素材图片对比度变高了，颜色更加明亮了，如图 **14-23** 所示。

1st Day

2nd Day

3rd Day

4th Day

5th Day

6th Day

7th Day

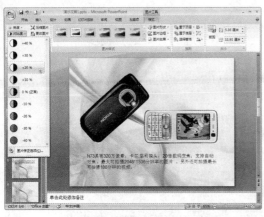

图 14-22 选择 "+20%" 选项

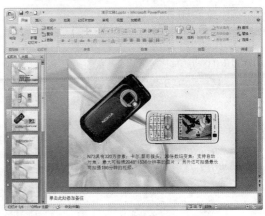

图 14-23 调整后的效果

6．为图片设置形状

01 选择第 4 张幻灯片，在幻灯片中插入两张手机素材图片，按照前面的方法调整图片的位置，如图 14-24 所示。

02 选中左边的素材图片，然后按下键盘上面的 Ctrl 键，通过鼠标单击选中另外一张素材图片，然后单击"格式"选项卡，在"图片样式"工具栏中单击"其他"按钮，在弹出的菜单中选择"圆形对角"选项，如图 14-25 所示。

图 14-24 插入图片并调整位置

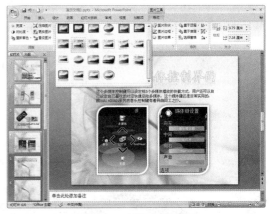

图 14-25 设置图片效果

7．裁剪图片

01 选择第 5 张幻灯片，在幻灯片中插入一张手机素材图片，按照前面的方法去掉图片背景并调整图片的位置，如图 14-26 所示。

02 选中该素材图片，然后单击"格式"选项卡，在"大小"工具栏中单击"裁剪"按钮，这时鼠标变成状，将鼠标移动到图片的边框上，当鼠标变成┣状或者┃状时，按住鼠标左键拖动就可以对图片进行裁剪了，如图 14-27 所示。

03 选择第 6 张幻灯片，在幻灯片中插入一张手机素材图片，按照前面的方法去掉图片背景

> **提示**
>
> 观察图片可以发现图片的黑色边框和阴影部分并没有去掉，这是因为"设置透明色"工具只能够去掉单色的背景，比如纯白色、纯绿色等。对此，我们可使用"裁剪"工具。

并调整图片的位置，如图 14-28 所示。

04 按照前面的方法将图片超出幻灯片的部分裁剪掉，如图 14-29 所示。

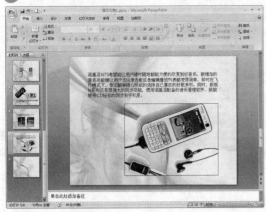

图 14-26 插入图片并去掉背景

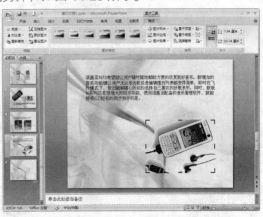

图 14-27 裁剪图片

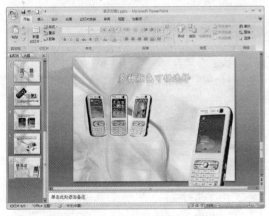

图 14-28 插入图片并调整图片位置

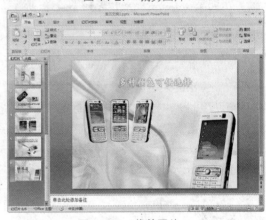

图 14-29 裁剪图片

8．插入形状

01 选择第 2 张幻灯片，然后单击"插入"选项卡，在"插图"工具栏中单击"形状"按钮，接着在弹出的菜单中单击"线条"栏中的"直线"按钮，如图 14-30 所示。

02 当鼠标变为＋状时在幻灯片中按住鼠标左键不放拖动绘制出直线，如图 14-31 所示。

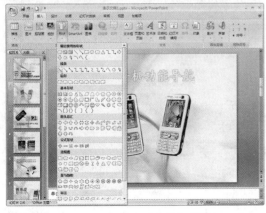

图 14-30 单击"直线"按钮

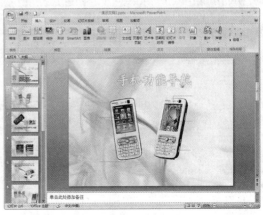

图 14-31 绘制直线并输入说明文字

1st Day

2nd Day

3rd Day

4th Day

5th Day

6th Day

7th Day

03 按住键盘上面的 **Ctrl** 键，逐个单击选中刚才绘制的所有线条，然后右击，在弹出的菜单中选择 "设置对象格式" 选项，如图 **14-32** 所示。

04 随后打开 "设置形状格式" 对话框，在 "宽度" 栏单击 按钮调节参数为 "**2** 磅"，接着在 "填充" 栏中选择 "线条颜色" 选项，在 "颜色" 下拉列表框中选择绿色，如图 **14-33** 所示。

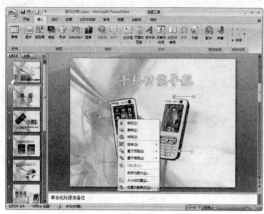

图 14-32 选择 "设置图片格式" 选项   图 14-33 设置形状格式

05 单击 "确定" 按钮确认设置，返回幻灯片窗口，然后在 "文本" 工具栏中单击 "文本框" 按钮，在弹出的菜中选择 "横排文本框" 选项，当鼠标变为↓图标时按住鼠标左键不放在幻灯片中拖动绘制文本框，接着将光标定位到文本框中输入说明文字，如图 **14-34** 所示。

06 按住键盘上面的 **Ctrl** 键单击选中刚才插入的所有文本框，然后在 "字体" 工具栏中设置中文字体为 "黑体"，西文字体为 "Aril"，字号为 "**14**"，字体颜色为 "紫色"，设置完成后的效果，如图 **14-35** 所示。

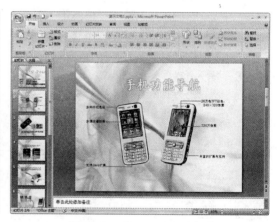

图 14-34 输入文本   图 14-35 设置文本格式

14.2.5 制作放映控制按钮

演示文稿默认的放映效果是单击鼠标来切换幻灯片，并按顺序逐一放映。但是在演示产品的过程中需要根据浏览者的需求提供导航界面，从而能够快速地跳转到介绍某项功能的幻灯片上，并能够快速地返回导航界面以选择浏览其他的功能介绍，这时需要通过设置放映控制按钮来控制幻灯片的播放方式。下面就来为新产品发布演示文稿制作放映控制按钮，具体操作步骤如下。

01 选中第 1 张幻灯片，然后单击"插入"选项卡，在"插图"工具栏中单击"形状"按钮，接着在弹出的菜单中单击"矩形"栏中的"圆角矩形"按钮□，如图 14-36 所示。

02 当鼠标变为＋状时在幻灯片中按住鼠标左键不放拖动绘制出圆角矩形，如图 14-37 所示。

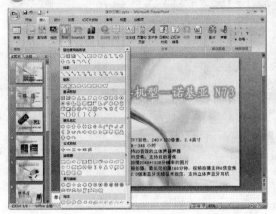

图 14-36　单击"圆角矩形"按钮　　　　　图 14-37　绘制圆角矩形

03 保持圆角矩形为选中状态，然后单击"格式"选项卡，在"形状样式"工具栏中单击"其他"按钮，在弹出的菜单中选择一种样式，如图 14-38 所示。

04 单击"插入"选项卡，然后在"文本"工具栏中单击"文本框"按钮，在弹出的菜单中选择"横排文本"框，当鼠标变为↓状时，将鼠标移动到圆角矩形上方然后单击，在圆角矩形中插入文本框，如图 14-39 所示。

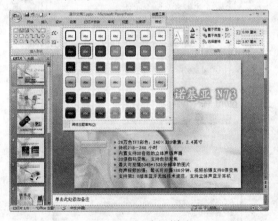
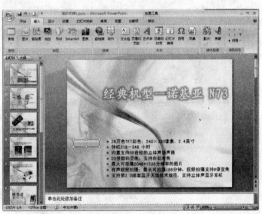

图 14-38　选择样式　　　　　图 14-39　插入文本框

05 在文本框中输入文字"功能导航"，然后单击"开始"选项卡，在"字体"栏中设置其字体为"黑体"，字号为"20"，设置完成后的效果如图 14-40 所示。

06 按照前面的步骤制作"回首页"和"结束"两个按钮图形，制作完成后的效果如图 14-41 所示。

提示

在制作"回首页"和"结束"两个按钮图形的时候也可以选中"功能导航"按钮图形，按住键盘上的 **Ctrl** 键复制出一个"功能导航"按钮图形，然后修改按钮文字即可。

1st Day
2nd Day
3rd Day
4th Day
5th Day
6th Day
7th Day

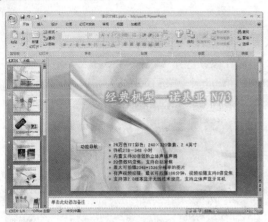

图 14-40　设置文本格式

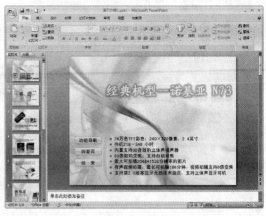

图 14-41　制作另外两个图形

07 选中"功能导航"按钮图形，然后单击"插入"选项卡，在"链接"工具栏中单击"动作"按钮，如图 14-42 所示。

08 随后打开"动作设置"对话框，在该对话框中单击选中"超链接到"单选按钮，然后在其下拉列表框中选择"幻灯片…"选项，打开"超链接到幻灯片"对话框，在该对话框中选择"2. 幻灯片 2"选项，如图 14-43 所示。

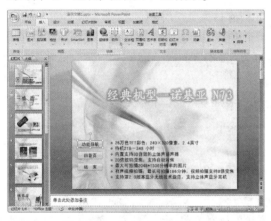

图 14-42　单击"动作"按钮

图 14-43　选择"2. 幻灯片 2"选项

09 单击"确定"按钮，返回"动作设置"对话框，在"动作设置"对话框中单击"确定"按钮确认设置返回幻灯片编辑区。

10 选中"回首页"按钮图形，按照前面的步骤打开"动作设置"对话框，进入"超链接到幻灯片"对话框，在该对话框中选择"1. 经典机型——诺基亚 N73"选项，如图 14-44 所示。

11 单击"确定"按钮，返回"动作设置"对话框，在"动作设置"对话框中单击"确定"按钮确认设置返回幻灯片编辑区。

图 14-44　选择"1. 经典机型——诺基亚 N73"选项

⑫ 选中"结束"按钮图形，按照前面的步骤打开"动作设置"对话框，在该对话框中选中"超链接到"单选按钮，然后在其下拉列表框中选择"结束放映"选项，如图 14-45 所示。

⑬ 单击"确定"按钮确认设置返回幻灯片编辑区，然后选中"功能导航"、"回首页"和"结束" 3 个按钮，按下键盘上面的 **Ctrl+C** 组合键复制按钮，然后分别在后面的几张幻灯片中按下 **Ctrl+V** 组合键粘贴按钮并调整按钮的位置，完成后的效果如图 14-46 所示。

1st
Day

2nd
Day

3rd
Day

4th
Day

5th
Day

6th
Day

7th
Day

图 14-45　选择"结束放映"选项

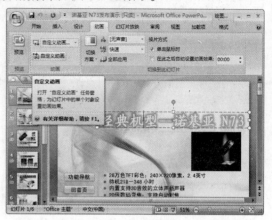

图 14-46　复制按钮并调整位置

14.2.6　自定义幻灯片动画

如果需要为幻灯片中的某些单独的对象添加动画效果，需要通过"自定义动画"窗格进行设置。

1. 设置进入动画

"进入动画"是指幻灯片放映的时候，如何显示幻灯片中的对象所添加的效果，下面介绍为幻灯片中的对象添加不同类型的"进入动画"，具体操作步骤如下。

① 选择第 1 张幻灯片，然后在该幻灯片中选中"经典机型—诺基亚 N73"文本，单击"动画"选项卡，在"动画"工具栏中单击"自定义动画"按钮，如图 14-47 所示。

② 随后在幻灯片窗口右侧打开"自定义动画"窗格，单击 添加效果 按钮，然后在弹出的菜单中选择"进入"选项，接着在弹出的下级菜单中选择"菱形"选项，如图 14-48 所示。

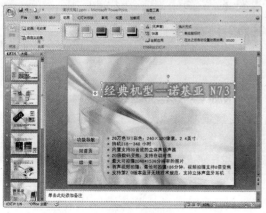

图 14-47　单击"自定义动画"按钮

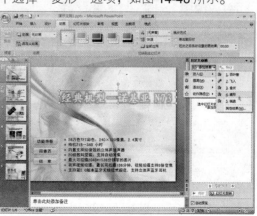

图 14-48　选择"菱形"选项

03 确认设置返回幻灯片编辑窗口，选中下面的说明文本，然后在"自定义动画"窗格中单击 添加效果 按钮，接着在弹出的菜单中选择"进入"选项，在弹出的下级菜单中选择"飞入"选项，如图 14-49 所示。

04 在右侧"自定义动画"栏中选中"飞入"动画项，在"方向栏"中选择"自右侧"选项，在"开始"栏中选择"之后"选项，在速度栏中选择"快速"选项，如图 14-50 所示。

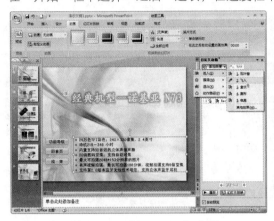
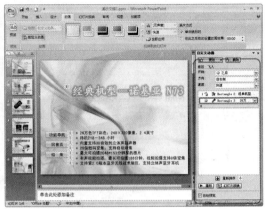

图 14-49　选择"飞入"选项　　　　　　图 14-50　设置动画参数

05 选择第 3 张幻灯片，然后在该幻灯片中选中左边红色的手机素材图片，单击 添加效果 按钮，然后在弹出的菜单中选择"进入"选项，接着在弹出的下级菜单中选择"百叶窗"选项，如图 14-51 所示。

06 选中右边的手机素材图片，单击 添加效果 按钮，然后在弹出的菜单中选择"进入"选项，接着在弹出的下级菜单中选择"其他效果"选项，在弹出的"添加进入效果"对话框中选择"渐入"选项，如图 14-52 所示。

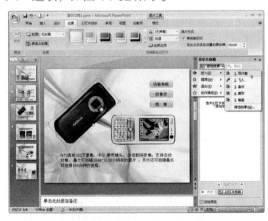
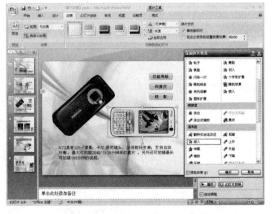

图 14-51　选择"百叶窗"选项　　　　　图 14-52　选择"渐入"选项

07 单击"确定"按钮返回幻灯片编辑窗口，选中下面的说明文本，在"自定义动画"窗格中单击 添加效果 按钮，接着在弹出的菜单中选择"进入"选项，在弹出的下级菜单中选择"其他效果"选项，然后在打开的"添加进入效果"对话框中选择"向内溶解"选项，如图 14-53 所示。

08 单击"确定"按钮返回幻灯片编辑窗口，在右侧"自定义动画"栏中选中"图片 4"选项，然后在"开始"栏中选择"之后"选项；在"重新排序"窗口中选中"TextBox 3"选项，然后在开始栏中选择"之后"选项，如图 14-54 所示。

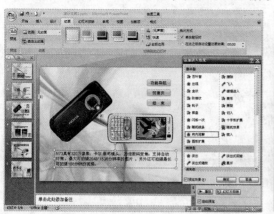
图 14-53　选择"向内溶解"选项

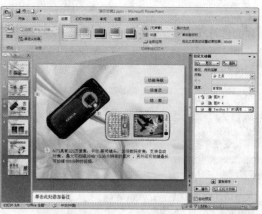
图 14-54　设置动画参数

09 选择第 4 张幻灯片，然后在该幻灯片中选中"N73 的多媒体控制界面"文本，单击 添加效果 按钮，然后在弹出的菜单中选择"进入"选项，接着在弹出的下级菜单中选择"向内溶解"选项，如图 14-55 所示。

10 选中"N73 的多媒体控制界面"下面的文本，单击 添加效果 按钮，然后在弹出的菜单中选择"进入"选项，接着在弹出的下级菜单中选择"向内溶解"选项，如图 14-56 所示。

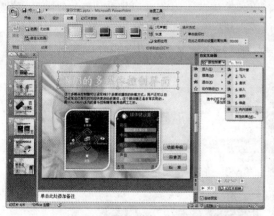
图 14-55　选择"向内溶解"选项

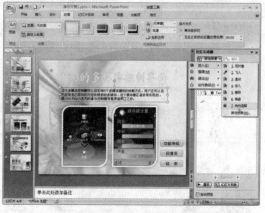
图 14-56　设置文本效果

11 同时选中幻灯片中的两张手机素材图片，单击 添加效果 按钮，然后在弹出的菜单中选择"进入"选项，接着在弹出的下级菜单中选择"渐入"选项，如图 14-57 所示。

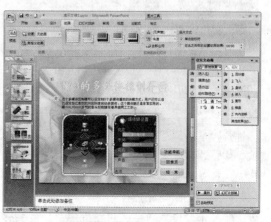
图 14-57　选择"渐入"选项

1st Day

2nd Day

3rd Day

4th Day

5th Day

6th Day

7th Day

⑫ 在右侧"自定义动画"栏中按下键盘上面的 **Ctrl** 键，然后单击选中"TextBox 4"、"图片 6"和"图片 5"选项，在"开始"栏中选择"之后"选项，如图 **14-58** 所示。

⑬ 选择第 5 张幻灯片，然后选中该幻灯片中的上面文本，单击 ☆ 添加效果 ▾ 按钮，在弹出的菜单中选择"进入"选项，在弹出的下级菜单中选择"其他效果"选项，接着在弹出的"添加进入效果"对话框中选择"展开"选项，如图 **14-59** 所示。

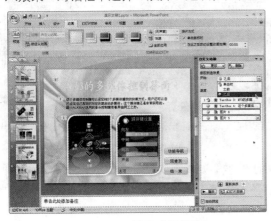 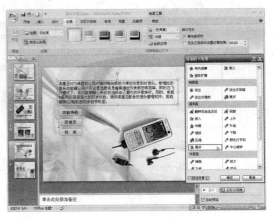

图 14-58　设置动画参数　　　　　　　　图 14-59　选择"展开"选项

⑭ 单击"确定"按钮返回幻灯片编辑窗口，然后选中文本下方的手机素材图片，单击 ☆ 添加效果 ▾ 按钮，在弹出的菜单中选择"进入"选项，在弹出的下级菜单中选择"其他效果"选项，接着在弹出的"添加进入效果"对话框中选择"回旋"选项，如图 **14-60** 所示。

⑮ 单击"确定"按钮返回幻灯片编辑窗口，在右侧"自定义动画"栏中选中"图片 2"选项，设置速度为"中速"，如图 **14-61** 所示。

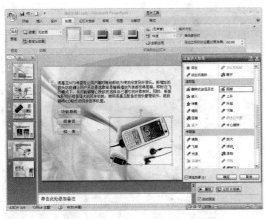 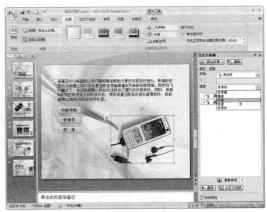

图 14-60　选择"回旋"选项　　　　　　　图 14-61　设置动画参数

⑯ 接着选择"TextBox 3"选项，将鼠标移动到该"TextBox 3"名称上面，当鼠标变为 ↕ 状时按住鼠标左键不放拖动"TextBox 3"到"图片 2"下方，如图 **14-62** 所示。松开鼠标左键，这样就将动画播放顺序调整了，然后选中"TextBox 3"选项，在"开始"栏中选择"之后"选项，如图 **14-63** 所示。

⑰ 选择第 6 张幻灯片，然后在该幻灯片中选中"多种颜色可供选择"文本，单击 ☆ 添加效果 ▾ 按钮，在弹出的菜单中选择"进入"选项，在弹出的下级菜单中选择"其他效果"选项，接着在弹出的"添加进入效果"对话框中选择"翻转式由远及近"选项，如图 **14-64** 所示。

18 单击"确定"按钮返回幻灯片编辑窗口，选中左边的手机素材图片，单击 添加效果 按钮，在弹出的菜单中选择"进入"选项，在弹出的下级菜单中选择"其他效果"选项，接着在弹出的"添加进入效果"对话框中选择"旋转"选项，如图 **14-65** 所示。

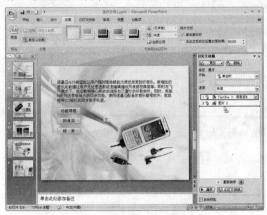

图 14-62　调整顺序

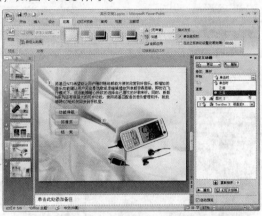

图 14-63　设置动画参数

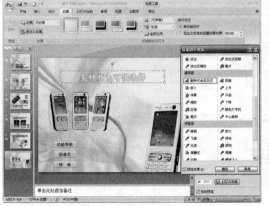

图 14-64　选择"翻转式由远及近"选项

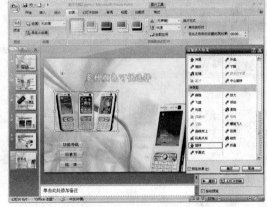

图 14-65　选择"旋转"选项

19 选中右边的手机素材图片，单击 添加效果 按钮，在弹出的菜单中选择"进入"选项，在弹出的菜单中选择"放大"选项，如图 **14-66** 所示。单击"确定"按钮返回幻灯片编辑窗口，同时选中"图片 8"和"图片 9"选项，在"开始"栏中选择"之后"选项，如图 **14-67** 所示。

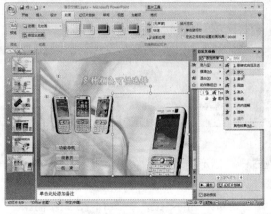

图 14-66　选择"放大"选项

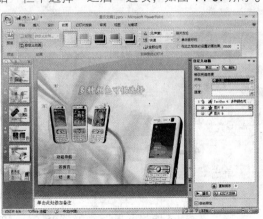

图 14-67　设置动画参数

2. 设置强调动画

设置了强调动画的对象只有当到用户进行了激活强调动画的操作时，才会产生旋转、左右摇晃等动画效果，下面介绍如何在幻灯片中的图片加入"强调"动画，设置强调动画具体操作步骤如下。

01 选择第 2 张幻灯片，按下 Ctrl 键单击同时选中幻灯片中的两张图片，单击 添加效果 按钮，在弹出的菜单中选择"强调"选项，在弹出的菜单中选择"忽明忽暗"选项，如图 14-68 所示。

02 单击"确定"按钮返回幻灯片编辑窗口，在右侧"自定义动画"栏中选中"图片 2"和"图片 3"选项，设置"开始"为"之后"，设置"速度"为"中速"，如图 14-69 所示。

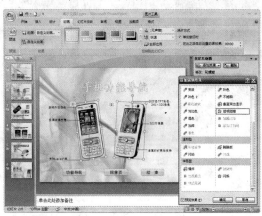

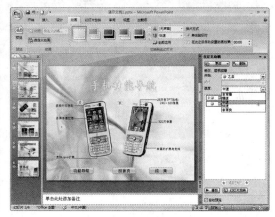

图 14-68 选择"忽明忽暗"选项　　　　　图 14-69 设置动画参数

03 选中幻灯片中的所有线条，单击 添加效果 按钮，在弹出的菜单中选择"进入"选项，在弹出的下级菜单中选择"向内溶解"选项，如图 14-70 所示。

04 选中幻灯片中的所有说明文字，单击 添加效果 按钮，在弹出的菜单中选择"进入"选项，在弹出的下级菜单中选择"其他效果"选项，接着在弹出的"添加进入效果"对话框选择"光速"选项，如图 14-71 所示。

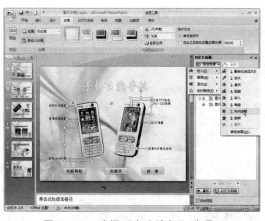

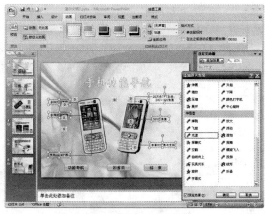

图 14-70 选择"向内溶解"选项　　　　　图 14-71 选择"光速"选项

05 单击"确定"按钮返回幻灯片编辑窗口，在右侧"自定义动画"栏中选中除"图片 2"和"图片 3"选项以外的所有选项，设置"开始"为"之后"，如图 14-72 所示。

06 按下键盘上面的 F5 键即可放映幻灯片，观看设置动化后的效果，如图 14-73 所示。

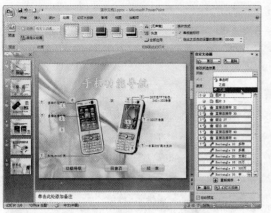

图 14-72　设置动画参数　　　　　图 14-73　预览动画效果

14.2.7　添加视频文件

在演示文稿中添加视频不但使信息更加多样化,也为幻灯片的放映增加了丰富多彩的效果,下面将在幻灯片中加入一个介绍手机广告的视频文件,具体操作步骤如下。

01 选择第 1 张幻灯片,单击"插入"选项卡,在"媒体剪辑"工具栏中单击"影片"按钮,在弹出的菜单中选择"文件中的影片"按钮,在打开的"插入影片"对话框中选择要插入的影片剪辑,然后单击"确定"按钮,这时弹出一个对话框,询问用户播放影片的方式,单击"自动"按钮,影片被插入到幻灯片中,如图 14-74 所示。

02 观察发现影片窗口过大,已经挡住后面的文本了,我们可以通过拖动影片窗口四周的控制点来调整影片的大小,然后通过鼠标拖动调整影片窗口,如图 14-75 所示。

图 14-74　插入影片　　　　　图 14-75　调整影片窗口

03 按下键盘上面的 **Ctrl+S** 组合键保存演示文稿,在弹出的"另存为"对话框中输入文件名"诺基亚 N73 发布演示",然后单击"保存"按钮保存演示文稿。

1st Day

2nd Day

3rd Day

4th Day

5th Day

6th Day

7th Day

14.3 上机实战——制作雪花飘舞动画

最终效果

本例是制作雪花飘舞动画，最终效果如右图所示。

解题思路

首先通过插入形状来绘制小雪花，然后利用 PowerPoint 2007 中的自定义路径动画制作雪花飘动的效果。

步骤提示

01 新建一个空白演示文稿，然后单击"插入"选项卡，在"插图"工具栏中单击"剪贴画"按钮，打开"剪贴画"任务窗格，在"剪贴画"任务窗格中的"搜索文字"文本框中输入文本"圣诞节"，单击"搜索"按钮，搜索出相关圣诞的图片，如图 14-76 所示的图片。

02 在"剪贴画"任务窗格选择一张"圣诞"图片，然后单击图片右侧的 ✓ 按钮，在弹出的菜单中选择"插入"选项，将图片插入到幻灯片中，调整图片大小和位置，如图 14-77 所示。

图 14-76　搜索出相关圣诞的图片

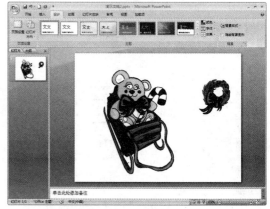

图 14-77　插入图片并调整图片大小与位置

03 单击"设计"选项卡，在"背景"工具栏中单击"背景样式"按钮，在弹出的窗口中选择一种背景样式，如图 14-78 所示。

04 单击"插入"选项卡，在"插图"工具栏中单击"形状"按钮，然后在弹出的菜单中选择"椭圆"选项，按住 Shift 键，在幻灯片中绘制圆形，并填充白色，如图 14-79 所示。

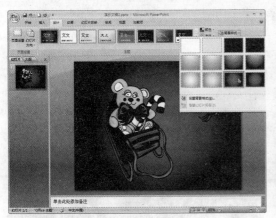

图 14-78　选择背景样式

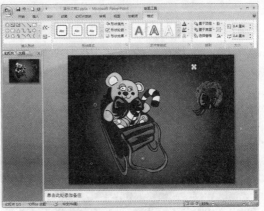

图 14-79　绘制圆形并填充白色

1st Day

2nd Day

3rd Day

4th Day

5th Day

6th Day

7th Day

05 按住键盘上面的 **Ctrl** 键然后通过鼠标拖动复制多个白色圆形，并调整位置与大小，如图 14-80 所示。

06 选中绘制的雪花，然后添加"自定义路径"动画，并在"效果选项"中设置"延迟时间"和"重复数"，设置完成后按下键盘上面的 **F5** 键可预览到设置好的动画，雪花按照绘制的路径飘落下来，如图 14-81 所示。

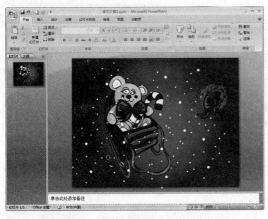

图 14-80　复制白色圆形并调整位置

图 14-81　预览动画

14.4　巩固与练习

　　本章主要介绍了制作新产品发布演示文稿的相关知识，重点介绍了幻灯片的设计风格、丰富的自定义动画效果、添加控制按钮、添加多媒体影片资料等内容。学习完本章的内容，能使读者对新产品发布演示文稿的制作有更深入的了解。现在给大家准备了相关的习题进行练习，以对前面学习到的知识进行巩固。

练习题

　　（1）在演示文稿编辑中，若要选定全部对象，可按快捷键＿＿＿＿＿＿＿＿。

　　（2）在 PowerPoint 2007 中，文字区的插入条光标存在，证明此时是＿＿＿＿＿＿状态。

（3）在 PowerPoint 2007 中，可通过"图表"菜单中的_____项改变幻灯片中插入图表的类型。

（4）在 PowerPoint 2007 中为用户提供了一个_____，用于编辑剪贴画及图片。

（5）制作一个"昆虫世界"科教演示文稿，如图 14-82 所示。

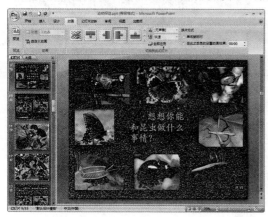 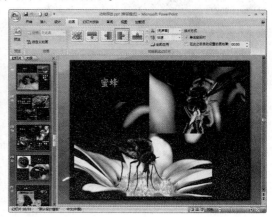

图 14-82 "昆虫世界"科教演示文稿

第5天

企业形象宣传演示文稿

Chapter
15

▶▶ 学习重点

- 制作企业开场动画
- 制作企业介绍页面
- 制作企业理想和商业理念页面
- 制作企业组织结构图
- 制作产品展示页面
- 制作产品销售分布图与结束页

▶▶ 精彩实例效果展示

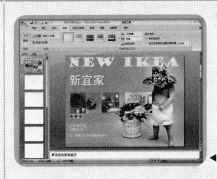

◀ 开始页

◀ 产品展示

◀ 结束页

7 天学会电脑办公

15.1　相关知识介绍

为了打响自己的品牌，越来越多的企业利用多媒体的方式来宣传自己，包括宣传公司的文化、经营理念、团队精神等，以得到广大用户的承认。一个好的企业首先呈现在客户面前的便是企业形象。

企业形象包括企业介绍、企业文化、部门组织图、产品展示、产品分布图等。可以通过明亮的背景图片以及醒目的文字来制作，为客户提供高质量、高品质的企业形象。

为了使读者能够更好地完成企业形象宣传演示文稿的设计，下面提供一些相关的建议和注意事项。

（1）根据企业的原则，规划出企业的整体色调，而设计出演示文稿的色调和结构。

（2）产品分布图以一幅地图为素材，并注明产品销售所在地。

（3）在产品大展示图中制作动作按钮，可以返回到展示图主页面。

（4）若在未安装 PowerPoint 的电脑上播放幻灯片，需要先打包。

15.2　实例制作详解

本实例制作的是企业形象宣传演示文稿，在制作的过程中注意要将企业的文化内涵表现出来，并且要将企业文化的资料展现在观众面前。

🔍 **难度系数** ✓ ✓ ✓ ✓

⏰ **学习时间** 40 分钟

📗 **学习目的** 制作开场动画
　　　　　　制作组织图
　　　　　　声音与文字同步

15.2.1　制作企业开场动画

在制作开场动画的时候首先制作幻灯片页面布局及元素，再为幻灯片中的对象添加动画效果。

1. 制作页面

页面的元素包括标题、图片以及箭头，具体操作步骤如下。

01 新建一个空白演示文稿，然后单击"设计"选项卡，在"背景"工具栏中单击右侧的🔲按钮，在打开的"设置背景格式"对话框中单击"填充"选项，选中"图片或纹理填充"单选按钮，接着在"插入自"选项组中单击"文件"按钮，如图 **15-1** 所示。

02 在打开的"插入图片"对话框中选择一张图片，单击"插入"按钮确认选择返回"设置背景格式"对话框，然后单击"关闭"按钮关闭"设置背景格式"对话框返回幻灯片窗口，可以看见已经为当前幻灯片填充上了设置好的图案背景，如图 15-2 所示。

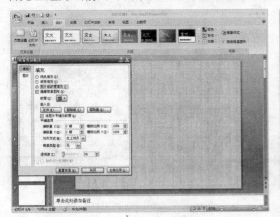

图 15-1　单击"文件"按钮

图 15-2　填充图案背景

1st Day

2nd Day

3rd Day

4th Day

5th Day

6th Day

7th Day

02 在幻灯片中输入文本"NOW　IKEA"、"新宜家"、"定制我们的温馨生活"和"家，是我们生活中最重要的地方"，设置"NOW　IKEA"字体为"Goudy Stout"，大小为"72"，颜色为"白色"；设置"新宜家"字体为"方正大黑简体"，大小为"72"，颜色为"黄色"，字形为"文字阴影"；设置"定制我们的温馨生活"字体为"黑体"，大小为"20"，颜色为"黄色"；设置"家，是我们生活中最重要的地方"字体为"宋体"，大小为"16"，颜色为"白色"；设置完字体格式后调整文本框位置，如图 15-3 所示。

03 选中第 1 张幻灯片，然后单击"插入"选项卡，在"插图"工具栏中单击"图片"按钮，打开"插入图片"对话框，在"插入图片"对话框中选择需要插入的图片，然后单击"插入"按钮，这样就在幻灯片中插入了所选图片，如图 15-4 所示。

图 15-3　输入文本并设置格式

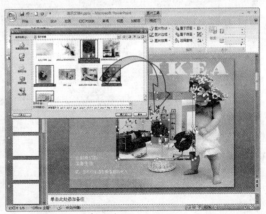

图 15-4　插入图片

04 保持插入的图片为选中状态，然后单击"格式"选项卡，在"大小"工具栏的形状高度栏中输入"4.3"，然后调整图片的位置，如图 15-5 所示。

05 单击"开始"按钮，然后在"绘图"工具栏中单击"形状"按钮，在弹出的菜单中单击"矩形"按钮□，在幻灯片窗口中绘制并列的 3 个矩形，单击"格式"选项卡，在"形状样式"工具栏中设置"形状填充"为"水绿色"，"形状轮廓"为"白色"，确认设置返回幻灯片窗口，如图 15-6 所示。

图 15-5　设置图片大小并调整位置　　　　图 15-6　绘制矩形并设置样式

2. 添加动画

添加完幻灯片内容以后，下面应该为幻灯片中的对象添加动画效果，具体操作步骤如下。

01 选择第 1 张幻灯片，在该幻灯片中选中"NOW　IKEA"文本，单击"动画"选项卡，在"动画"工具栏中单击"自定义动画"按钮 ，如图 15-7 所示。

02 随后在幻灯片窗口右侧打开"自定义动画"窗格，单击 添加效果 按钮，然后在弹出的菜单中选择"强调"选项，接着在弹出的下级菜单中选择"波浪形"选项，如图 15-8 所示。

图 15-7　单击"自定义动画"按钮　　　　图 15-8　选择"波浪形"选项

03 选中"新宜家"文本，单击 添加效果 按钮，然后在弹出的菜单中选择"进入"选项，接着在弹出的下级菜单中选择"翻转式由远及近"选项，如图 15-9 所示。

图 15-9　选择"翻转式由远及近"选项

04 选中"定制我们的温馨生活"文本,单击 添加效果 按钮,然后在弹出的菜单中选择"进入"选项,接着在弹出的下级菜单中选择"棋盘"选项,如图 15-10 所示。

05 选中"家,是我们生活中最重要的地方"文本,单击 添加效果 按钮,然后在弹出的菜单中选择"进入"选项,接着在弹出的下级菜单中选择"空翻"选项,如图 15-11 所示。

图 15-10 选择"棋盘"选项

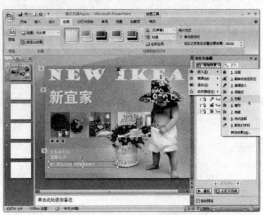

图 15-11 选择"空翻"选项

06 同时选中 4 张图片,单击 添加效果 按钮,然后在弹出的菜单中选择"进入"选项,接着在弹出的下级菜单中选择"百叶窗"选项,如图 15-12 所示。

07 同时选中 3 个矩形,单击 添加效果 按钮,然后在弹出的菜单中选择"进入"选项,接着在弹出的下级菜单中选择"压缩"选项,如图 15-13 所示。

图 15-12 选择"百叶窗"选项

图 15-13 选择"压缩"选项

08 在右侧"自定义动画"栏中单击"Text Box 4"选项,然后按住键盘上面的 Shift 键,使用鼠标单击"矩形 20"项,选中两者之间的所有项,然后在"开始"栏中选择"之后"选项,如图 15-14 所示。

09 确认设置返回幻灯片编辑窗口,由于在设置动画的过程中需要调节某些对象的播放顺序,例如图片显示的动画应该在下面文本出现之前显示,所以选中"图片 14"至"矩形 20"中间的所有选项,然后通过鼠标拖动至"Text Box 3"选项下方,这样就完成了动画效果的排序操作,如图 15-15 所示。

1st Day

2nd Day

3rd Day

4th Day

5th Day

6th Day

7th Day

图 15-14　选择"之后"选项

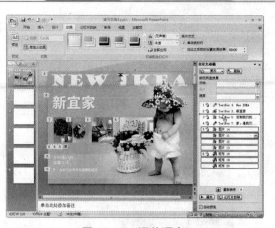

图 15-15　调整顺序

15.2.2　制作企业介绍页面

下面开始制作"新宜家"公司介绍页面，这里主要是对文本格式进行设置，具体操作步骤如下。

01 选中第 2 张幻灯片，在页面中插入文本框，输入"关于新宜家"等文本信息，如图 15-16 所示。

02 单击"插入"选项卡，在"插图"工具栏中单击"图片"按钮，打开"插入图片"对话框，在"插入图片"对话框中选择需要插入的图片，然后单击"插入"按钮，这样就在幻灯片中插入了所选图片，如图 15-17 所示。

> **提示**
> 在绘制文本框的时候，几个文本框的长度最好设置成一样，都为幻灯片窗口长度，这样有利于设置段落格式。

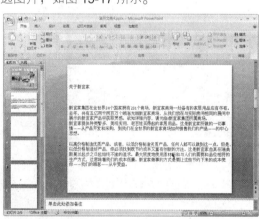

图 15-16　输入文本信息

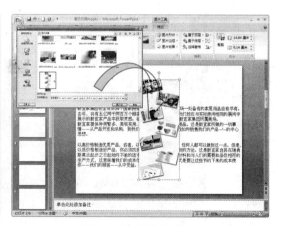

图 15-17　插入图片

03 将图片拖动到幻灯片左侧，拖动图片四周的控制按钮，将图片的高度调整至适合幻灯片窗口大小，然后选中两个文本框，向右拖动调整大小，将被图片遮住的文字显示出来，如图 15-18 所示。

04 在幻灯片编辑窗口中选中"关于新宜家"文本，单击"开始"选项卡，在"字体"工具栏中设置字体为"方正大黑简体"，字号为"36"，字体颜色为"蓝色"；接着选择下面几段文字，在"字体"工具栏中设置中文字体为"宋体"，西文字体为"Arial"字号为"16"，字体颜色为"紫色"，如图 15-19 所示。

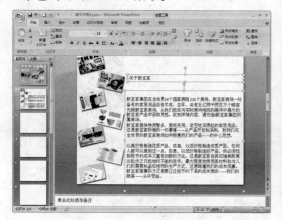

图 15-18　调整对象位置　　　　　　　　　图 15-19　设置对象格式

05 在"段落"工具栏右侧单击 按钮，打开"段落"对话框，在该对话框的"缩进"文本框中单击"特殊格式"右边的 按钮，在打开的菜单中选择"首行缩进"选项，单击"确定"按钮确认设置，如图 15-20 所示。

06 按照这样的方法为其他段落文字也设置相同的格式，设置完成后的效果如图 15-21 所示。

图 15-20　设置段落参数

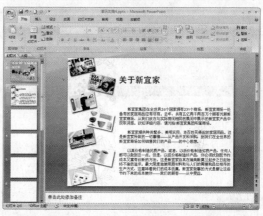

图 15-21　设置完成后的效果

07 在幻灯片中选中"关于新宜家"文本，单击"动画"选项卡，在"动画"工具栏中单击"自定义动画"按钮 ，随后在幻灯片窗口右侧打开"自定义动画"窗格，单击 添加效果 按钮，然后在弹出的菜单中选择"进入"选项，接着在弹出的下级菜单中选择"向内溶解"选项，如图 15-22 所示。

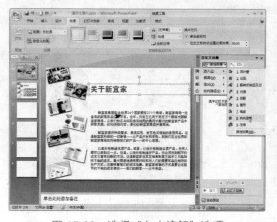

图 15-22　选择"向内溶解"选项

1st Day
2nd Day
3rd Day
4th Day
5th Day
6th Day
7th Day

08 确认设置返回幻灯片编辑窗口，在"切换到此幻灯片"工具栏中单击"切换声音"栏右侧的 按钮，在打开的菜单中选择"风铃"选项，如图 15-23 所示。

09 选中"关于新宜家"文本下面的几段文字，单击 ☆ 添加效果 按钮，然后在弹出的菜单中选择"进入"选项，接着在弹出的下级菜单中选择"缓慢进入"选项，如图 15-24 所示。

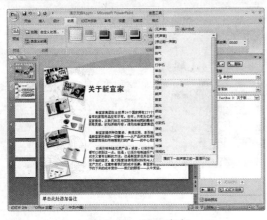

图 15-23 设置声音　　　　　图 15-24 选择"缓慢进入"选项

10 单击"插入"选项卡，在"媒体剪切"工具栏中单击"声音"按钮 🔊，打开"插入声音"对话框，在该对话框中选择"关于新宜家"音频文件，如图 15-25 所示。

11 单击"确定"按钮确认选择，这时会弹出提示对话框，在该对话框中单击"自动"按钮，返回幻灯片窗口，这时在幻灯片中会出现一个 🔊 图标，表示插入声音成功，如图 15-26 所示。

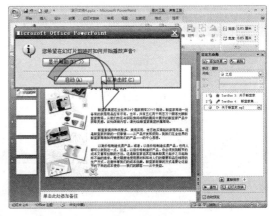

图 15-25 选择"关于新宜家"文件　　　　　图 15-26 插入音频

12 在"重新排序"栏中单击"关于新宜家.MP3"项右侧的 按钮，在弹出的菜单中选择"从上一项开始"选项，如图 15-27 所示。然后选中"Text Box 3"和"Text Box 4"两项，在"开始"栏中选择"之后"选项。

13 双击 🔊 图标，在"声音选项"工具栏中单击选中"放映时隐藏"选项，这样在放映演示文稿的时候，幻灯片中的 🔊 图标会隐藏起来，使幻灯片看起来美观，如图 15-28 所示。

提示

选择"从上一项开始"选项是为了使声音与文字同步，如果不选择该项，声音则会在文字显示完以后再播放。

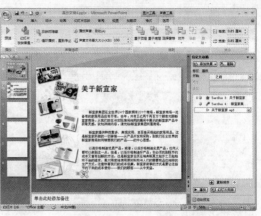

图 15-27　选择"从上一项开始"选项　　　　图 15-28　设置声音选项

15.2.3　制作企业理想和商业理念页面

下面为大家介绍如何制作企业理想和商业理念页面，具体操作步骤如下。

01 选中第 3 张幻灯片，按照前面的步骤为该幻灯片设置背景，然后在这张幻灯片的右上角输入文本"企业理想和商业理念"，设置字体为"方正大标宋简体"，字号为"36"，文字颜色为"水绿色"；然后单击"格式"选项卡，在"艺术字样式"工具栏中选择一种艺术字样式，设置完成后的效果如图 15-29 所示。

02 单击"插入"选项卡，在"插图"工具栏中单击"图片"按钮 ，打开"插入图片"对话框，在"插入图片"对话框中选择需要插入的图片，然后单击"插入"按钮，这样就在幻灯片中插入了所选图片，通过鼠标拖动调整图片在幻灯片中的位置，如图 15-30 所示。

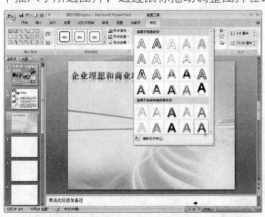

图 15-29　设置文字效果　　　　　　　图 15-30　插入图片并调整位置

03 单击"插入"选项卡，在"文本"工具栏中单击"文本框"按钮 ，在弹出的菜单中选择"横排文本框"选项，接着在幻灯片编辑窗口中插入文本框并输入文字，如图 15-31 所示。

04 按住键盘上面的 Ctrl 键，通过鼠标拖动选中"更美好的日常生活"、"我们的产品系列"、"我们的低价格"和"我们的瑞典传统"文本，在"字体"工具栏中设置其字体为"黑体"，字号为"20"；选中其他的文本，在"字体"工具栏中设置其字体为"楷体"，字号为"14"，设置完成后的效果如图 15-32 所示。

05 选中幻灯片中的第 1 张图片，在"动画"工具栏中单击"自定义动画"按钮 ，打开"自定义动画"窗格，单击 添加效果▼ 按钮，然后在弹出的菜单中选择"强调"选项，接着在弹出的下级菜单中选择"陀螺型"选项，如图 15-33 所示。

06 选中第 1 张图片右侧的文本，单击 添加效果▼ 按钮，然后在弹出的菜单中选择"进入"选项，接着在弹出的下级菜单中选择"挥鞭式"选项，如图 15-34 所示。

图 15-31 输入文本　　　　　　　　　图 15-32　设置文本格式

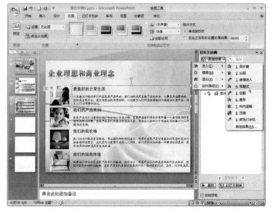

图 15-33 选择"陀螺型"选项　　　　　　图 15-34　选择"挥鞭式"选项

07 按顺序为其他图片和文本分别设置各自的对应的动画效果，如图 15-35 所示。在"重新排序"栏中选中所有的动画项，然后在"开始"栏中选中"之后"选项，如图 15-36 所示。

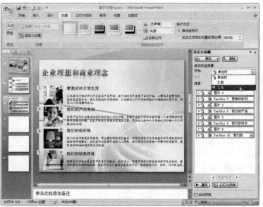

图 15-35 为其他对象设置格式　　　　　　图 15-36　选中"之后"选项

15.2.4　制作企业组织结构图

　　下面利用 PowerPoint 2007 提供的组织结构图功能来制作企业部门组织图，具体的操作步骤如下。

01 选中第 4 张幻灯片，按照前面的步骤为该幻灯片设置背景，然后在这张幻灯片中输入文本"企业组织结构图"，设置字体为"方正粗圆简体"，字号为"48"，文字颜色为"水绿色"，在"段落"工具栏中单击"居中"按钮 ≡；然后单击"格式"选项卡，在"艺术字样式"工具栏中选择一种艺术字样式，如图 15-37 所示。

02 单击"插入"选项卡，在"插图"工具栏中单击"选择 SmartArt 图形"按钮 ，打开"选择 martArt 图形"对话框，在该对话框左边的窗格中选择"层次结构"选项，然后在中间的窗格中选择"组织结构图"选项，如图 15-38 所示。

1st Day

2nd Day

3rd Day

4th Day

5th Day

6th Day

7th Day

图 15-37　插入文本并设置格式

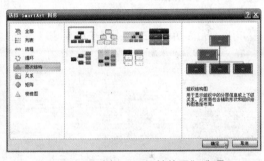

图 15-38　选择"组织结构图"选项

03 单击"确定"按钮，随后就在幻灯片编辑窗口中插入了一个组织结构图，如图 15-39 所示。在窗口中浮动的文本窗格中可以输入和编辑在 SmartArt 图形中显示的文字，现在我们按照企业的具体组织关系输入相关信息，如图 15-40 所示。

图 15-39　插入组织结构图

图 15-40　输入相关信息

04 选中组织结构图中的文字，然后单击"开始"选项卡，在"字体"工具栏中设置字符格式，设置完成后的效果如图 15-41 所示。

05 选中组织结构图中的图形，然后通过拖动其四周的控制结点调整图形的大小，调整完成后的效果如图 15-42 所示。

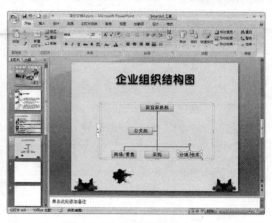

图 15-41　设置字符格式　　　　　　　　　　　图 15-42　调整图形的大小

06 单击"设计"选项卡，在"SmartArt 样式"工具栏中单击"更改颜色"按钮，然后在弹出的菜单中选择一种颜色样式，如图 15-43 所示。

07 在"SmartArt 样式"工具栏中单击 按钮，在弹出的菜单中选择一种样式，如图 15-44 所示。

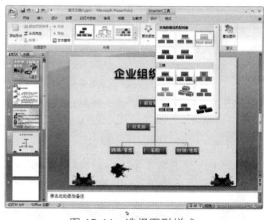

图 15-43　选择颜色样式　　　　　　　　　　　图 15-44　选择图形样式

08 如果还需要添加图形，首先确定需要添加图形所处的位置，比如我们需要添加一个"产品开发"项，应该跟"分销/仓库"平级，所以首先选中"分销/仓库"图形，然后单击"创建图形"工具栏中的"添加形状"按钮，在弹出的菜单中选择"在后面添加图形"选项，最后输入文字并调整图形大小及样式即可，如图 15-45 所示。

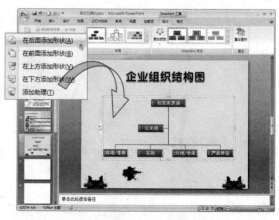

图 15-45　添加图形并设置格式

15.2.5　制作产品展示页面

下面制作产品展示页，并利用动作设置功能为产品图片添加超链接，具体的操作步骤如下。

01 选中第 5 张幻灯片，按照前面的步骤为该幻灯片设置背景，然后在这张幻灯片中输入文本"产品展示"，设置字体为"方正大黑简体"，字号为"48"，文字颜色为"水绿色"，在"段落"工具栏中单击"居中"按钮 ≡；然后单击"格式"选项卡，在"艺术字样式"工具栏中选择一种艺术字样式，如图 15-46 所示。

02 单击"插入"选项卡，在"插图"工具栏中单击"图片"按钮，打开"插入图片"对话框，在"插入图片"对话框中选择需要插入的图片，然后单击"插入"按钮，这样就在幻灯片中插入了所选图片，通过鼠标拖动调整图片在幻灯片中的位置，如图 15-47 所示。

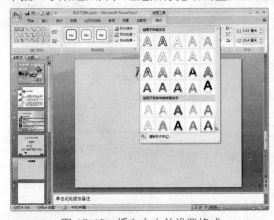

图 15-46　插入文本并设置格式　　图 15-47　插入图片并调整位置

03 在"绘图"工具栏中单击"形状"按钮，在弹出的菜单中选择"圆角矩形"选项，然后在幻灯片窗口中按住鼠标左键不放拖动绘制一个圆角矩形，如图 15-48 所示。

04 将鼠标移动到 ◆ 图标上方，然后按住鼠标左键不放拖动调整圆角的幅度，然后在"绘图"工具栏设置"形状填充"为"白色"，"形状轮廓"为"蓝色"，设置完成后的效果如图 15-49 所示。

图 15-48　绘制圆角矩形　　图 15-49　设置圆角矩形格式

05 单击选中圆角矩形，然后单击"格式"按钮，在"排列"工具栏中单击"置于底层"按钮，设置完成后的效果如图 15-50 所示。

06 在幻灯片窗口中插入文本框并输入说明性文字，然后设置文字的格式，并调整文本框的位置，如图 15-51 所示。

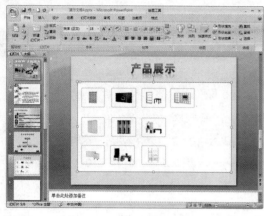

图 15-50　将图形置于底层　　　　　图 15-51　添加文字并设置格式

07 选中第 6 张幻灯片，按照前面的步骤为该张幻灯片设置背景，在"插图"工具栏中单击"图片"按钮，打开"插入图片"对话框，在"插入图片"对话框中选择需要插入的图片，然后单击"插入"按钮在幻灯片中插入图片，通过鼠标拖动调整图片在幻灯片中的位置，如图 15-52 所示。

08 在幻灯片编辑窗口右侧插入文本框，并输入产品相关信息，设置好文本格式，完成后的效果如图 15-53 所示。

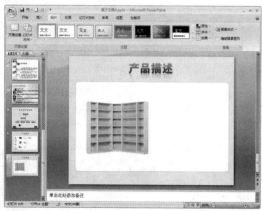

图 15-52　插入文本和图片　　　　　图 15-53　添加说明文字

09 依次在第 6 张幻灯片后面重新插入幻灯片，按照前面的方法在里面输入产品描述信息，完成后的效果如图 15-54 所示。

10 选中第 5 张幻灯片，在幻灯片编辑窗口中选中第 1 张图片，单击"插入"选项卡，然后在"链接"工具栏中单击"超链接"按钮，打开"插入超链接"对话框，在该对话框中选择"本文档中的位置"项，接着在"请选择文档中的位置"栏中选中"6. 幻灯片 6"，如图 15-55 所示。

11 单击"确定"按钮确认设置，按照这样的方法为其他图片也添加超链接，将图片链接到对应的产品描述页面，这样在单击"产品展示"页面中的图片时就会将幻灯片转到与该产品相对应的页面，如图 15-56 所示。

⓬ 选中第 6 张幻灯片，在幻灯片中绘制一个箭头，然后在"快速样式"菜单中为箭头选择一种样式，接着在箭头中插入横排文本框，并输入"返回"文字，如图 15-57 所示。

图 15-54　输入其他产品描述

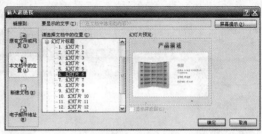

图 15-55　选择链接的幻灯片

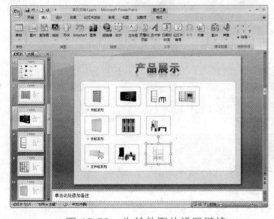

图 15-56　为其他图片设置链接

图 15-57　绘制箭头并输入文字

⓭ 选中"返回"按钮图形，然后单击"插入"选项卡，在"链接"工具栏中单击"动作"按钮，如图 15-58 所示。随后打开"动作设置"对话框，在该对话框中单击选中"超链接到"单选按钮，然后在其下拉列表框中选择"幻灯片..."选项，弹出"超链接到幻灯片"对话框，在该对话框中选择"5. 幻灯片 5"选项，如图 15-59 所示。

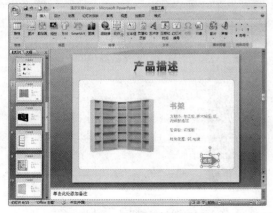

图 15-58　单击"动作"按钮

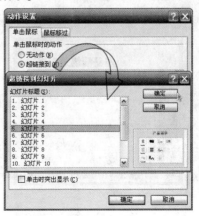

图 15-59　选择"5. 幻灯片 5"选项

1st Day

2nd Day

3rd Day

4th Day

5th Day

6th Day

7th Day

14 单击"确定"按钮，返回"动作设置"对话框，在"动作设置"对话框中单击"确定"按钮确认设置返回幻灯片编辑区，这样就为"返回"按钮设置了单击即可返回"产品展示"页面的动作，如图 15-60 所示。

15 选中"返回"按钮，按 Ctrl+C 组合键复制该按钮，然后按 Ctrl+V 组合键将该按钮分别粘贴到第 7~15 张幻灯片中，这样为其他的幻灯片也添加上与第 6 张幻灯片相同的动作按钮，如图 15-61 所示。

图 15-60　完成动作设置

图 15-61　为其他幻灯片设置动作按钮

15.2.6　制作产品销售分布图与结束页

制作产品分布图与结束页的具体操作步骤如下。

01 插入第 16 张幻灯片，按照前面的步骤为该幻灯片设置背景，然后在这张幻灯片中输入文本"产品销售分布图"，设置字体为"方正粗圆简体"，字号为"36"，文字颜色为"水绿色"；然后单击"格式"选项卡，在"艺术字样式"工具栏中选择一种艺术字样式，设置完成后的效果如图 15-62 所示。

02 单击"插入"选项卡，在"插图"工具栏中单击"图片"按钮，打开"插入图片"对话框，在"插入图片"对话框中选择产品销售分布图，然后单击"插入"按钮，这样就在幻灯片中插入了所选图片，通过鼠标拖动调整图片在幻灯片中的位置，如图 15-63 所示。

图 15-62　插入文本并设置格式

图 15-63　插入图片并调整位置

03 在图片中绘制小圆形，并将圆形填充为红色来表示产品销售点，这样就完成了产品销售分布图的制作，如图 15-64 所示。

04 插入第 17 张幻灯片，按照前面的步骤为该张幻灯片设置背景，然后在张幻灯片的正中间输入文本"随意妆点爱家　品位世界时尚"，设置字体为"方正大黑简体"，字号为"88"，文字颜色为"红色"；然后单击"格式"选项卡，在"艺术字样式"工具栏中选择一种艺术字样式，设置完成后的效果如图 15-65 所示。

图 15-64　绘制红色圆圈　　　　　　　　图 15-65　输入文字并设置格式

05 按下键盘上面的 **Ctrl+S** 组合键保存演示文稿，在弹出的"另存为"对话框中输入文件名"企业形象宣传"，然后单击"保存"按钮保存演示文稿。

 15.3　上机实战——制作工作总结报告

最终效果

本例是制作工作总结报告，最终效果如右图所示。

解题思路

根据幻灯片的内容，在适当的位置插入主题图片，并进行相关的美化处理，为了使幻灯片放映时显示动态效果，还需要在各幻灯片中加入不同类型的动画效果。

步骤提示

01 选中 1 张幻灯片，为该幻灯片设置背景，然后在这张幻灯片的右上角输入文本"工作总结报告"，在"艺术字样式"工具栏中选择一种艺术字样式，设置完成后的效果如图 15-66 所示。

02 在其他幻灯片页面输入相应的内容，并设置文本格式，输入完成后的效果如图 15-67 所示。

1st Day
2nd Day
3rd Day
4th Day
5th Day
6th Day
7th Day

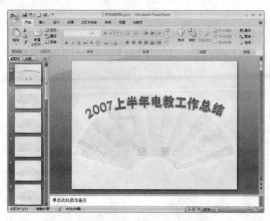 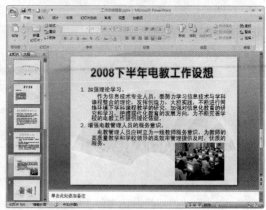

图 15-66　输入文字并设置格式　　　　　图 15-67　输入其他幻灯片中的内容

03 为首页对象添加动画并插入背景音乐，设置背景音乐在播放时的各种参数，如图 15-68 所示。

04 在页面中插入视频配合做文字讲解，然后设置播放参数，如图 15-69 所示。

图 15-68　插入音频并设置播放参数　　　　图 15-69　插入视频并设置播放参数

 15.4　巩固与练习

本章主要讲解了利用 PowerPoint 2007 制作企业形象宣传片的相关知识，重点介绍了自选图形、结构组织图、动作设置、幻灯片放映方式等内容。现在给大家准备了相关的习题进行练习，以对前面学习到的知识进行巩固。

练习题

（1）在组织结构图中，如果要为某个部件添加若干个分支，则应选择_____命令。

（2）幻灯片放映方式的设置中不包括_____。

（3）要使幻灯片在放映时能够自动播放，需要设置_____。

（4）演示文稿打包后，在目标盘片上产生一个名为_____的解包可执行文件。

第 **6** 天

Chapter
局域网与 Internet 的使用
16

>> 精彩实例效果展示

◀ 浏览网页

◀ 下载资源

◀ 发送信件

>> 学习重点

- 制作企业开场动画
- 网络化办公的特点
- 在局域网中共享资源
- 访问局域网中的资源
- 建立网络连接
- 下载网络资源
- 申请电子邮箱
- 撰写并发送电子邮件
- 阅读邮件并处理邮件
- 安装 QQ 软件

7 天学会电脑办公

16.1 认识网络化办公

网络化办公是指在现代计算机、网络通信等技术支撑下，企业和政府机构日常办公、信息收集与发布、公共管理等事务在数字化、网络化的环境下进行的办公形式。它包含多方面的内容，如企业办公自动化、各部门间的信息共建共享、政府实时信息发布、各级政府间的远程视频会议、公民网上查询信息、电子化民意调查和社会经济统计等。

16.1.1 Internet Explorer

IE 是 Internet Explorer 的缩写，它是由美国微软公司开发的一款免费的网络浏览器软件。Internet Explorer 被捆绑在 Windows 操作系统中，成为用户上网浏览最常用的工具之一。当然，IE 也有单独安装的版本，例如 IE 7.0 就分为本地安装版本和网络安装版本两种，用户可以根据自己的需要进行选择安装。

IE 浏览器具有以下几个特点。

（1）方便快捷地浏览网页

用户使用 IE 浏览器，通过在 IE 地址栏中输入常用的地址来访问相应的网页信息，如果网页地址有误，IE 也会自动搜索出类似的网络地址。

例如，单击工具栏上"搜索"按钮可以在互联网中搜索网站。在出现的搜索栏中，输入描述搜索内容的单词或短语，如图 16-1 所示。当搜索结果出现时，可以在不丢失搜索结果列表的同时，查看每个网页，如图 16-2 所示。

图 16-1　输入关键词　　　　　　　　图 16-2　搜索到相关结果

（2）随心所欲自定义浏览器

用户使用 IE 浏览器，能够随心所欲地自己定义浏览器。比如，可以将经常访问的网页的快捷方式放在链接栏上，以便快速访问；将其他频繁访问的网页添加到收藏夹列表中，以便轻松访问；使用文件夹整理收藏的项目，并根据需要进行排序；将收藏的网页带在身边，即传递到另一电脑或浏览器或与朋友分享；甚至可以从 Netscape Navigator 中导入书签。

（3）最大限度保护浏览时的安全和隐私

用户可以使用 IE 中的安全和隐私功能来保护隐私，使电脑和个人识别信息更安全。例如，使用安全区域，可以为不同的网页区域设置不同的安全级，有助于保护电脑；使用"分级审查"，可以使用由"Internet 内容选择平台（PICS）"委员会独立定义的业界标准分级方法屏蔽掉不合适的内容。

16.1.2　网络化办公的特点

随着网络的日渐普及，办公领域也逐渐趋于网络化。网络化办公给我们带来了极大的方便，那么它到底有什么特点呢？

网络化办公的特点如下。

- 通讯及时，信息传输速度快。极大地方便了用户之间数据信息的传递，提高了办事效率。
- 网络化办公通过 E-mail、文档数据库管理、复制、目录服务、群组协同工作等技术为支撑，包含众多实用功能和模块，实现了对人、事、文档、会议的自动化管理。
- 实时通信，员工与专家可以网上实时交流，信息广泛集成的内容编目，知识门户的构造。

 ## 16.2　访问局域网中的资源

在现代办公室中，通常都是通过局域网交流的方式进行办公和管理，这样可以提高办公效率。局域网的操作主要有设置局域网、访问局域网中的信息和资源等几个方面，下面为大家介绍局域网中的基本操作。

16.2.1　设置网络连接

用户如果需要通过局域网进行办公，首先要将自己的电脑加入进局域网中，下面为大家讲解如何设置网络连接，具体操作步骤如下。

01 首先确认自己的电脑网线连接正确，然后选择"开始"→"设置"→"网络连接"命令，打开"网络连接"窗口，如图 16-3 所示。

02 在"网络连接"窗口中选中"本地连接"图标后右击，在弹出的菜单中选择"属性"选项，如图 16-4 所示。

图 16-3　"网络连接"窗口　　　　　　图 16-4　选择"属性"选项

03 随后打开"本地连接 属性"对话框，在该对话框中选择"Internet 协议版本 4"选项，然后单击"属性"按钮，打开"常规"对话框，图 16-5 所示。

04 在"常规"对话框中选中"使用下面的 IP 地址"单选按钮，然后在 IP 地址栏中设置自己的 IP 地址，如"192.168.0.＊"（具体地址请咨询网络管理人员或相关技术人员），其中"＊"表示 1～255 之间的任何数字，用来代表你的电脑在局域网中的地址，同时将子网掩码设置为

"255.255.255.0"，其他参数设置如图 16-6 所示。

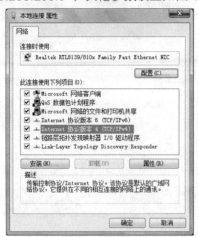

图 16-5 "本地连接 属性"对话框   图 16-6 "Internet 协议版式 4（TCP/IP）属性"对话框

05 单击"确定"按钮完成设置，网络设置成功，这样我们的电脑就加入进局域网中了。

16.2.2 在局域网中共享资源

我们通过共享文件夹和磁盘可以将自己电脑中的资源与局域网中的其他用户一起分享，在局域网中共享资源的具体操作步骤如下。

01 打开"计算机"窗口，在硬盘栏中选择需要共享的磁盘（也可以是磁盘中的某个文件夹，设置方法类似），然后右击，在弹出的菜单中选择"共享"选项，如图 16-7 所示。

02 随后弹出"本地磁盘（E:）属性"对话框，在"共享"标签界面中单击"高级共享"按钮，如图 16-8 所示。

图 16-7 选择"共享"选项   图 16-8 单击"高级共享"按钮

03 接着打开"高级共享"对话框，勾选"共享此文件夹"复选框，在"设置"选项组中输入共享名，并按照自己的要求设置权限与缓存，如图 16-9 所示。

04 单击"确定"按钮返回"本地磁盘（E:）属性"对话框，接着单击"关闭"按钮关闭该对话框，这样将 E 盘设置成了共享磁盘，系统会在磁盘的左下角显示 图标来表示该磁盘为共享磁盘，这样局域网中的其他用户可以通过局域网访问你的 E 盘，如图 16-10 所示。

图 16-9　设置共享参数

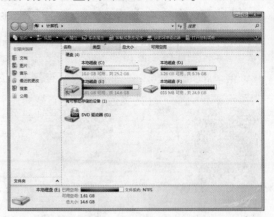

图 16-10　共享磁盘设置成功

16.2.3　访问局域网中的资源

局域网中其他用户将自己的电脑中的资源共享以后，我们可以通过局域网访问该用户的共享资源，具体操作步骤如下。

01 单击桌面上的"网络"图标 打开网络窗口，在该窗口中可以看见局域网中的计算机，如图 16-11 所示。

02 双击需要访问的电脑，进入该电脑的共享目录，在该窗口中可以查看到该电脑的共享资源，双击某个对象即可进行访问，如图 16-12 所示。

图 16-11　打开网络窗口

图 16-12　访问计算机

16.3　Internet 的使用

局域网中的资源非常有限，那么如何才能够获取更多的信息资源呢？通过连接到 Internet 即可实现这个目的，下面我们将为给大家介绍 Internet 的使用。

16.3.1　建立网络连接

建立网络连接的方法很多，如通过拨号连接、ISDN 连接和光纤连接等方法。现在最常用的方法是通过 ADSL（即网通、电信、铁通等宽带）连接到网络中。

我们可以利用 Windows Vista 系统自带的拨号程序，建立网络连接，具体操作步骤如下。

01 双击桌面上的"控制面板"图标，打开"控制面板"窗口，如图 16-13 所示。

02 在"控制面板"窗口中双击"网络和 Internet"图标，打开"网络和共享中心"窗口，在该窗口左侧的任务栏中单击"设置连接或网络"链接，如图 16-14 所示。

图 16-13　"控制面板"窗口　　　　　　图 16-14　单击"设置连接或网络"链接

03 随后弹出"设置连接或网络"窗口，在该窗口中选择"连接到 Internet"选项，然后单击"下一步"按钮，如图 16-15 所示。

04 接着打开"连接到 Internet"窗口，在该窗口中选择"仍然设置新连接"选项，如图 16-16 所示。

图 16-15　选择"连接到 Internet"选项　　　图 16-16　选择"仍然设置新连接"选项

05 随后进入设置如何连接界面，在该界面中单击"宽带（PPPOE）（R）"选项进入"键入您的 Internet 服务提供商（ISP）提供的信息"界面，在"用户名"栏输入申请宽带服务时设置的用户名，在"密码栏"输入申请宽带服务时设置的密码，并设置是否允许其他人使用此连接，如图 16-17 所示。

06 单击"连接"按钮开始连接到宽带，并显示连接状态，稍等片刻，即会成功连接到 Internet，这样就在电脑上建立好了网络连接，如图 16-18 所示。

图 16-17　设置连接参数　　　　　　　图 16-18　连接到网络

在电脑上建立好拨号网络连接以后，就可以通过拨号连接上网了。

16.3.2　设置共享上网

在办公中一般是通过一台主机拨号上网，然后在这台主机上面进行共享上网。因为 ADSL 有足够的带宽，共享上网能够合理地利用带宽资源，让处于局域网中的电脑都能够享受到网络带来的乐趣！

用一台专用的服务器共享上网最简便常用的实现方法是通过设置系统自带的"Internet 连接共享"服务来实现，具体操作步骤如下。

01 首先按照前面的步骤在准备作为服务器的电脑上创建一个宽带连接，单击"开始"菜单按钮，打开"开始"菜单，然后在"开始"菜单中选择"连接到"选项，打开"连接网络"窗口，如图 16-19 所示。

02 在该窗口中单击选中"宽带连接"选项，然后右击，在弹出的菜单中选择"属性"选项，打开"宽带连接 属性"对话框，如图 16-20 所示。

图 16-19　"连接网络"窗口　　　　图 16-20　打开"宽带连接 属性"对话框

03 在"宽带连接 属性"对话框单击"共享"选项卡，然后在 Internet 连接共享列表中勾选"允许其他网络用户通过此计算机的 Internet 连接来连接"复选框，并取消"允许其他网络用户控

1st Day

2nd Day

3rd Day

4th Day

5th Day

6th Day

7th Day

制或禁用共享的 Internet 连接",如图 16-21 所示。

04 单击"设置"按钮打开"高级设置"对话框,在这里设置允许访问的网络服务,如图 16-22 所示。

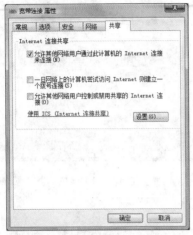

图 16-21 选择需要的复选框　　　　　图 16-22 设置允许访问的网络服务

05 设置完成后单击"确定"按钮返回"宽带连接 属性"对话框,在该对话框单击"确定"按钮确认设置,这样就共享网络成功了。

16.3.3 修复网络故障

在 Windows Vista 中,网络设置与连接变得非常简单,即使是刚刚接触 Windows Vista,也能够按照系统提示轻松地完成网络设置,顺利地连接上 Internet 进行网上冲浪。用户在上网时遇到网络故障的时候也可以通过系统自带的"诊断和修复"功能进行修复。修复网络故障的具体操作步骤如下。

01 由于用户在安装 Windows Vista 操作系统时没有进行正确的配置,因此系统无法识别网络并接入 Internet,在系统通知区右击"网络连接"图标,在弹出的快捷菜单中选择"诊断和修复"命令,如图 16-23 所示。

02 随后弹出"Windows 网络诊断"对话框开始识别问题,并将诊断结果显示在窗口中供用户参考修复问题,按照提示的故障逐项设置即可,如图 16-24 所示。

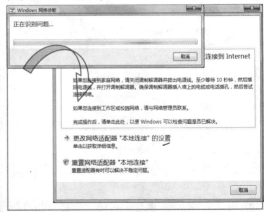

图 16-23 选择"诊断和修复"命令　　　　　图 16-24 诊断结果

16.3.4　使用 Internet Explorer 浏览器浏览网页

浏览器是一个把互联网上找到的文本文档或者其他类型的文件翻译成网页的软件，通过网页浏览器上网浏览，可以获取我们需要的各方面信息。使用 IE 浏览器浏览网页的具体操作步骤如下。

01 在桌面上双击 Internet Explorer 的 图标启动 IE 浏览器，然后在地址栏中输入需要访问的地址，例如 "http://www.163.com"，如图 16-25 所示。

02 单击"转至"按钮 浏览器开始连接"网易"页面，当网站页面下载成功以后会显示在浏览窗口中，如图 16-26 所示。

<table>
<tr><td>1st Day</td></tr>
</table>

图 16-25　输入需要访问的地址　　　　图 16-26　打开该网站页面

当用户正常打开网页后，因为网络繁忙的原因发现网页中的某些部分不能够正常显示，如图 16-27 所示。这时可以单击地址栏右侧的"刷新"按钮 ，刷新一次正在打开的网页即可完全显示网页，如图 16-28 所示。

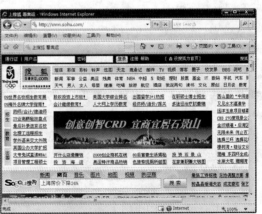

图 16-27　不能够正常显示的网页　　　　图 16-28　刷新后的页面

网页上的页面是互相连接的，单击被称为超级链接的文本或图形就可以连接到其他网页。超级链接通常是带下划线或边框，并内嵌了网页地址的文字和图形，通过单击超级链接，用户可以跳转到特定网页节点上的某一页，使用超级链接的具体操作步骤如下。

01 在某个网页中查看自己感兴趣的信息链接，直接单击该链接地址即可，如图 16-29 所示。

1st Day

2nd Day

3rd Day

4th Day

5th Day

6th Day

7th Day

02 这时网页页面会跳转到相关网页中进行浏览，如图 **16-30** 所示。

图 16-29　单击超级链接

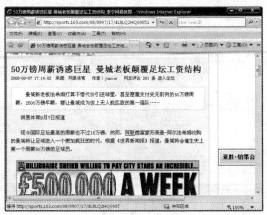

图 16-30　浏览相关页面

16.3.5　搜索网络资源

Internet 中的信息浩瀚如海，而且毫无秩序，如何从成千上万的信息中寻找到自己需要的信息呢？答案就是通过搜索引擎来寻找信息。搜索引擎是指自动从 Internet 中搜集信息，经过一定整理以后，提供给用户进行查询的系统。

搜索引擎的工作原理大致可以分为 **3** 类。

（1）搜集信息：搜索引擎的信息搜集基本都是自动的。搜索引擎利用称为网络蜘蛛(spider)的自动搜索机器人程序来连上每一个网页上的超链接。机器人程序根据网页链到其他页中的超链接，就像日常生活中所说的"一传十，十传百"一样，从少数几个网页开始，连到数据库上所有到其他网页的链接。理论上，若网页上有适当的超链接，机器人便可以遍历大部分网页。

（2）整理信息：搜索引擎整理信息的过程称为"建立索引"。搜索引擎不仅要保存搜集起来的信息，还要将它们按照一定的规则进行编排。这样，搜索引擎根本不用重新翻查所有保存的信息而迅速找到所需要的资料。

（3）接受查询：用户向搜索引擎发出查询，搜索引擎接受查询并向用户返回资料。搜索引擎每时每刻都要接到来自大量用户的几乎是同时发出的查询，它按照每个用户的要求检查自己的索引，在极短时间内找到用户需要的资料，并返回给用户。目前，搜索引擎返回主要是以网页链接的形式提供的，通过这些链接，用户便能到达含有自己所需资料的网页。通常搜索引擎会在这些链接下提供一些来自这些网页的摘要信息以帮助用户判断此网页是否含有自己需要的内容。

下面以搜索图片为例，介绍搜索引擎的使用方法，具体操作步骤如下。

01 在地址栏中输入 "www.baidu.com"，进入百度主页，单击页面中的"图片"标签，如图 16-31 所示。

02 在搜索中输入搜索的关键字，如"漂亮的桌面背景"，然后单击"百度一下"按钮，在新打开的页面中查看搜索到的相关结果，如图 16-32 所示。

图 16-31　单击"图片"标签　　　　　　　　图 16-32　查看搜索到的图片

03 单击自己喜欢的图片链接，即可以查看到图片链接的详细信息，如图 16-33 所示。

图 16-33　查看到的详细信息

> 常用的搜索引擎有 Google、百度、雅虎搜索、新浪搜索等。

提示

1st Day

2nd Day

3rd Day

4th Day

5th Day

6th Day

7th Day

16.3.6　下载网络资源

下载网络资源就是将网络中的资源下载到自己的电脑上使用。下载网络资源有两种方式，一种是通过 IE 浏览器直接下载，一种是通过专用下载工具来实现。

1．使用浏览器下载

用浏览器直接下载是指用浏览器内建的文件下载功能进行下载。微软公司的 IE 是内建有文件下载功能的浏览器，同时新一代的浏览器，已经完全支持断点续传。

使用浏览器下载的优点主要有以下两个方面。

- 不需再借助任何第三方软件。使用第三方下载软件，即便是共享软件，不是有使用时间的限制就是因没有注册而限制了不少功能。另外，多使用一个软件，也必然增加对系统资源的占用，对于内存配置较少的用户，会明显影响浏览器的性能。
- IE 7.0 断点续传功能将没有传输完的文件放在用户几乎找不到的浏览器缓冲区中，因此不会因为用户误删除文件而导致原来已经下传部分丢失。

2. 使用专用软件下载

专用下载软件是专门为从 Internet 上下载文件而设计的。特别是当浏览器没有断点续传的功能时，如果不使用专用软件，下载文件时总是让人提心吊胆。即便浏览器已具备断点续传功能，专门的断点续传软件仍然是用户硬盘中应保留的软件。因为与浏览器下载文件相比，任何一款断点续传软件所具有的优点均是浏览器所没有的。

这里以使用迅雷下载一个播放器为例介绍使用专用工具的下载方法，具体的操作步骤如下。

01 首先在电脑中安装 Web 版迅雷下载软件，然后在网页中找到需要下载播放器的链接，将鼠标移动到该链接上方右击，在弹出的菜单中选择"使用迅雷下载"命令，如图 16-34 所示。

02 随后打开"新的下载"对话框，在该对话框的"存储目录"栏中设置保存路径，在"另存名称"中输入下载文件保存的名称，如图 16-35 所示。

图 16-34　选择"使用迅雷下载"命令

图 16-35　设置下载参数

03 单击"开始下载"按钮开始下载文件，并可以在 Web 迅雷网页窗口中查看到下载进度，如图 16-36 所示。

04 下载文件完成以后，弹出提示对话框，在该对话框中可以执行"查看信息"和"打开文件"两项命令，一般选择"打开文件"命令打开下载的文件，如图 16-37 所示。

图 16-36　查看到下载进度

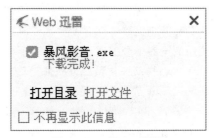

图 16-37　提示对话框

16.3.7　使用收藏夹

在浏览网页的时候，看到一个自己喜欢的网页，但是网页的地址又太难记，怎么才能够留住这个网页呢？我们可以使用收藏夹将这个网页收藏起来，这样就不用担心以后找不到这个网页了，使用收藏夹的具体操作步骤如下。

01 找到自己喜欢的网页，然后单击"收藏"菜单，在弹出的菜单中选择"添加到收藏夹"命令，如图 16-38 所示。

02 随后打开"添加到收藏夹"对话框，在该对话框的"名称"栏中输入要保存的网页名称，在"创建位置"栏中设置保存的位置，如图 16-39 所示。

图 16-38　选择"添加到收藏夹"命令　　　　　图 16-39　设置参数

03 单击"添加"按钮，这样就将网页添加到了收藏夹中，如图 16-40 所示。

04 如果用户下次需要浏览该网页，只需要单击"收藏夹"菜单，然后在弹出的下拉菜单中查看到刚才保存的网页名称，选择该链接即可打开网页进行浏览了，如图 16-41 所示。

图 16-40　添加到收藏夹　　　　　　　　　　图 16-41　打开网页

16.3.8　删除浏览网页的历史记录

用户在使用 Internet 浏览器浏览网页后，浏览器会自动保存用户浏览过的网页的各种信息，如果不想浏览网页的记录被别人发现，可以将历史记录删除。删除浏览网页的历史记录的具体操作步骤如下。

01 打开 IE 浏览器，单击"工具"菜单，在弹出的菜单中选择"删除浏览的历史记录"命令，如图 16-42 所示。

02 随后打开"删除浏览的历史记录"对话框，在该对话框中按照需要单击相应的按钮，如果要一次性彻底删除全部的痕迹，可以单击"全部删除"按钮，如图 16-43 所示。

图 16-42　选择"删除浏览的历史记录"命令

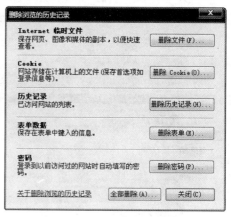

图 16-43　根据需要单击按钮

16.4　使用电子邮件

电子邮件 E-mail，也被大家昵称为"伊妹儿"，是 Internet 应用最广的服务。通过网络中电子邮件系统，用户可以用非常低廉的价格（不管发送到哪里，都只需负担电话费和网费即可），以非常快速的方式（几秒钟之内可以发送到用户指定的目的地），与世界上任何一个角落的网络用户联络，这些电子邮件可以是文字、图像、声音等各种格式。同时，用户还可以得到大量免费的新闻、专题邮件，并实现轻松的信息搜索。这是任何传统方式也无法与之相比的。正是由于电子邮件的使用简易、投递迅速、收费低廉，易于保存、全球畅通无阻，使得电子邮件被广泛地应用，极大地改变了人们的交流方式。

电子邮件最初是作为两个人之间进行通信的一种机制来设计的，但目前的电子邮件已扩展到可以与一组用户或与一个电脑程序进行通信。由于电脑能够自动响应电子邮件，任何一台连接 Internet 的电脑都能够通过 E-mail 访问 Internet 服务，并且一般的 E-mail 软件设计时都会考虑到如何访问 Internet 的服务，所以使得电子邮件成为 Internet 上使用最为广泛的服务之一。

每一个申请 Internet 账号的用户都会有一个电子邮件地址，它是一个类似于用户家庭门牌号码的邮箱地址，或者更准确地说，相当于用户在邮局租用了一个信箱。

电子邮件地址的典型格式是 123@abc，这里@前面的字符是用户自己选择的字符组合或代码，@后面的字符是为用户提供电子邮件服务的服务商名称，如 user@cnhubei.com。

16.4.1　申请电子邮箱

如果想要发送电子邮件，首先必须拥有一个属于自己的电子邮箱。下面给大家介绍申请电子邮箱方法，具体操作步骤如下。

01 在地址栏输入"http://www.126.com"网址，然后单击"转到"按钮 → 打开"126 免费邮"网站，如图 16-44 所示。

02 在网站页面中单击"注册"按钮，进入"创建一个新的 126 邮箱地址"页面，在该页面中按照提示输入用户名和出生日期，如图 16-45 所示。

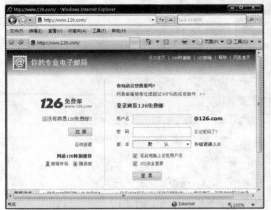

<table>
<tr><td>图 16-44　打开"126 免费邮"网站</td><td>图 16-45　输入用户名和出生日期</td></tr>
</table>

03 单击"下一步"按钮进入设置密码与相关信息界面，按照提示填写设置密码、密码保护和个人资料等项，如图 16-46 所示。

04 确认填写无误后，阅读页面最下方的"服务条款"，然后单击"我接受下面的条款，并创建帐号"按钮进入网易 126 免费邮申请成功页面，在页面中可以查看到你申请邮箱时填写的信息，如图 16-47 所示。

<table>
<tr><td>图 16-46　设置密码与相关信息</td><td>图 16-47　邮箱申请成功</td></tr>
</table>

16.4.2　撰写并发送电子邮件

申请到属于自己的邮箱后，我们就可以利用邮箱来撰写并发送电子邮件了，具体的操作步骤如下。

01 进入网易 126 免费邮网站，在"用户名"文本框中输入刚才申请邮箱时填写的用户名，在"密码"文本框中输入设置的密码，如图 16-48 所示。

02 单击"登录"按钮进入电子邮箱，如图 16-49 所示。

1st Day
2nd Day
3rd Day
4th Day
5th Day
6th Day
7th Day

图 16-48　输入用户名和密码

图 16-49　进入电子邮箱

03 在邮箱界面中单击"写信"按钮，进入写信界面，在"收信人"文本框中输入对方的电子邮件地址，在"主题"文本框中输入邮件的主题，在下面的文本框中输入邮件正文，如图 16-50 所示。

04 如果需要传送图像或者声音，可以单击"添加附件"按钮，在打开的"选择文件"对话框中选择需要传送的文件，单击"打开"按钮即可完成添加附件，如图 16-51 所示。

图 16-50　填写内容

图 16-51　添加附件

05 填写完成后单击页面上方的"发送"按钮发送邮件，如图 16-52 所示；邮件发送成功后会提示用户"邮件发送成功"，这样就不用担心对方收不到邮件了，如图 16-53 所示。

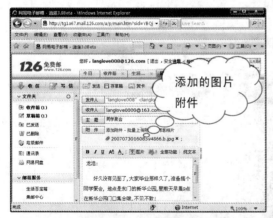

图 16-52　正在发送邮件

图 16-53　提示邮件发送成功

16.4.3 阅读邮件并处理邮件

在接收到新的电子邮件以后，我们需要查看这些邮件并对邮件作些处理。下面为大家介绍如何阅读和处理邮件。

1. 阅读并回复电子邮件

阅读并回复电子邮件的具体操作步骤如下。

01 进入自己的电子邮箱，单击"收信"按钮，在"文件夹"列表中选择"收件箱"命令，如图 16-54 所示。

02 随后在右边的窗格中打开"收件箱"页面，再单击邮件标题的链接，如图 16-55 所示。

图 16-54 选择"收件箱"命令

图 16-55 单击邮件标题的链接

03 进入邮件详细内容界面，阅读邮件的内容，然后单击"回复"按钮，如图 16-56 所示。

04 随后打开回复邮件界面，在该页面中输入要回复的内容，然后单击"发送"按钮即可，如图 16-57 所示。

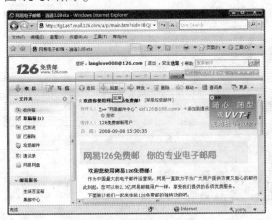

图 16-56 阅读邮件内容

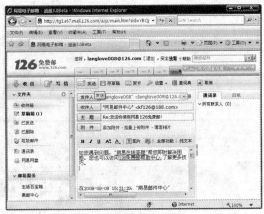

图 16-57 回复邮件

2. 转发电子邮件

如果用户需要将收到的电子邮件发送给其他人，可以利用邮箱提供的转发功能来实现这个目的，转发邮件具体的操作步骤如下。

01 阅读完电子邮件后，单击界面上方的"转发"按钮，进入转发邮件界面，在"收件人"文

1st Day
2nd Day
3rd Day
4th Day
5th Day
6th Day
7th Day

本框中输入的需要接收转发邮件人的电子邮箱地址，如图 16-58 所示。

02 单击"发送"按钮开始转发邮件，然后提示邮件发送成功，如图 16-59 所示。

图 16-58 输入电子邮箱地址

图 16-59 转发成功

3. 删除电子邮件

电子邮箱的容量有限，所以我们需要经常整理邮箱，将不重要的邮件删除，删除电子邮件的具体操作步骤如下。

01 进入自己的电子邮箱，单击"收信"按钮，在"文件夹"列表中选择"收件箱"命令，在右边的窗格中单击想要删除的邮件前面的□图标，选中该邮件，如图 16-60 所示。

02 单击页面上方的"删除"按钮直接删除邮件，删除邮件后的电子邮箱界面如图 16-61 所示。

图 16-60 选中需要删除的邮件

图 16-61 删除邮件

16.5 使用腾讯 QQ 聊天

腾讯 QQ 是深圳市腾讯计算机系统有限公司开发的一款基于 Internet 的即时通信（IM）软件。腾讯 QQ 支持在线聊天、视频电话、点对点断点续传文件、共享文件、网络硬盘、自定义面板、QQ 邮箱等多种功能，并可与移动通讯终端等多种通讯方式相连。

目前 QQ 的最新版本为腾讯 QQ2009，新版本的 QQ 增加了以下有特色的功能。

（1）离线也能发图片，在不在线不担心

好友不在线就不能向他发送图片？不，从现在开始，只要您和您的好友都使用 QQ2009 正式版，即使您的好友不在线上，也可以向他发送离线图片了。

（2）分组顺序随心调，鼠标轻曳就搞定

改变分组的上下顺序很麻烦？一定要在组前加 1、2、3……才能调整顺序吗？从现在起，使用鼠标左键直接拖曳分组就可以立即改变分组的排列顺序。好友分组从此变得自由、简单！

（3）动态头像新创意，会员头像炫起来

动态头像火热出炉，头像从此与众不同，充满创意！QQ 头像设置中新增对动态 GIF 图片的支持，QQ 会员可以上传动态 GIF 图片或者直接在会员动态头像专区进行选择，让好友为您的头像突然动了起来感到惊奇不已。

（4）QQ 群图标自定义，我的群居新生活

普通群、高级群、超级群，系统默认图标太平凡？太没有个性？现在只要您是群的所有者或者群管理员，就可以给自己的群设置与众不同的个性图标了哦。

（5）您许心愿我送礼，礼轻义重两心知

您的生日临近之时，好朋友送上一份期待已久的礼物是不是会让您觉得备感温馨？您想对好友表达一份情谊是否觉得没有好的方式？好友许愿送礼功能，让您的好友了解并迅速满足您的愿望哦。

（6）音乐绿钻显品位，群里共享好音乐

很久没见到朋友们了，往群里发首歌分享您此刻的心情吧！QQ2009 正式版推出群音乐分享功能，只要您是绿钻，就可以在群里发起歌曲分享，彰显您与众不同的音乐品位。

16.5.1　安装 QQ 软件

要使用 QQ 来进行即时通讯和交流，首先需要下载并安装 QQ 软件，具体操作步骤如下。

01 登录"腾讯官方下载"网站，选择 QQ 最新版本的安装程序后，单击"立即下载"按钮，如图 16-62 所示。

02 随后打开"文件下载"对话框，在该对话框中单击"运行"按钮，开始下载 QQ 软件，并显示下载进度，如图 16-63 所示。

图 16-62　单击"下载"按钮

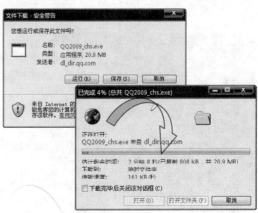

图 16-63　开始下载 QQ 软件

03 QQ 软件下载完成以后，系统会自动运行安装程序提示用户安装，在该界面中勾选"我已阅

1st Day

2nd Day

3rd Day

4th Day

5th Day

6th Day

7th Day

读并同意……"复选框，如图 **16-64** 所示。

04 进入选择自定义安装选项与快捷方式选项界面，在这里用户可以根据需要选择相应的组件和快捷方式。如果不需要安装这些可以直击单击取消选择。然后单击"下一步"按钮，如图 **16-65** 所示。

图 16-64　勾选"我同意"复选框　　　　　　　　图 16-65　设置使用环境

05 进入选择安装路径界面，在这里设置程序安装路径和个人文件夹的保存位置，如图 **16-67** 所示。

06 单击"安装"按钮开始安装 QQ，如图 **16-67** 所示。

图 16-66　选定安装位置和组件　　　　　　　　图 16-67　开始安装 QQ

07 安装结束以后，在完成窗口中选择需要执行的附加任务，如图 **16-68** 所示。

08 单击"完成"按钮退出 QQ 软件的安装界面，然后启动 QQ 程序，如图 **16-69** 所示。

图 16-68　选择需要执行的附加任务　　　　　　图 16-69　启动 QQ 程序

16.5.2　申请 QQ 账号

　　QQ 账号就是用户登录 QQ 软件的通行证，所以首先必须申请一个属于用户自己的 QQ 账号。申请 QQ 账号的方法有很多，这里以网页免费申请为例给大家讲解申请 QQ 账号的方法，具体操作步骤如下。

01 双击桌面上的 QQ 图标 ![]启动 QQ 程序，在 QQ 用户登录窗口中单击"注册新帐号"链接，如图 16-70 所示。

02 随后打开"申请 QQ 账号"网页，在"普通 QQ 账号"栏中单击"网页免费申请"链接，如图 16-71 所示。

1st
Day

2nd
Day

3rd
Day

4th
Day

5th
Day

6th
Day

7th
Day

图 16-70　单击"注册新帐号"链接　　　　图 16-71　单击"网页免费申请"链接

03 在随后打开的页面中选择想要申请哪一类帐号，这里选择"QQ 号码"选项，如图 16-72 所示。

04 接着进入填写基本信息界面，在该界面中按照提示填写各类信息，注意用户要牢记自己输入的各类信息，因为在后面的申请步骤和使用 QQ 时会用到这些信息，如图 16-73 所示。

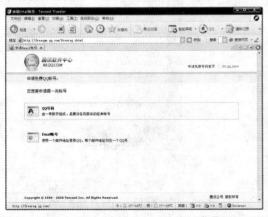

图 16-72　选择"QQ 号码"选项　　　　　图 16-73　填写基本信息界面

05 单击页面最下方的"下一步"按钮，进入验证密码保护信息界面，在该界面中根据问题回答前面在基本信息界面填写过的答案，如图 16-74 所示。

06 填写完成后单击"下一步"按钮，进入获取 QQ 号码界面，提醒用户申请成功，并将申请的 QQ 号码显示在页面中，如图 16-75 所示。

图 16-74　填写答案　　　　　　　　　　　　图 16-75　申请成功

16.5.3　查找好友并开始聊天

拥有了自己的 QQ 号码后并不能够马上开始聊天，还需要找到好友后才能够与其交流，查找好友并开始聊天的具体操作步骤如下。

01 双击桌面上的 QQ 图标🐧启动 QQ 程序，在"帐号"栏中输入申请的 QQ 号码，在"密码"栏中输入申请 QQ 时填写的密码，如图 16-76 所示。

02 填写完成后单击"登录"按钮，开始登陆 QQ，登录成功后的 QQ 界面如图 16-77 所示。

图 16-76　输入 QQ 号码和密码　　　　　　图 16-77　登录成功后的 QQ 界面

03 在 QQ 界面中可以观察到我的好友栏中没有好友，只有自己在线，所以需要查找好友。单击 QQ 界面下方的"查找"按钮🔍，打开"查找联系人/群/企业"对话框，如图 16-78 所示。

04 选中"精确查找"单选按钮，输入要查找人的账号或昵称，然后单击"查找"按钮，查找到的好友将会显示在窗格中，如图 16-79 所示。

05 在查找到窗格中显示用户的信息，单击选中该用户，然后单击"添加好友"按钮，如图 16-80 所示。

图 16-78　打开"查找联系人/群/企业"对话框

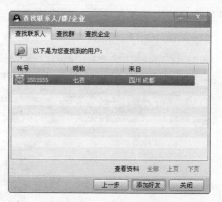

图 16-79　查找到的好友

06 随后打开输入验证信息对话框，在"分组"中为添加的好友进行分组，便于以后在列表框中进行查找，在下面的窗格中输入用户的请求信息，向对方表明身份，然后单击"确定"按钮发送请求，如图 16-81 所示。

图 16-80　单击"添加好友"按钮

图 16-81　设置分组并输入请求信息

07 如果对方同意了你的请求，就会返回通过验证信息，这样就将对方加为了你的好友，如图 16-82 所示；在"我的好友"栏中双击好友的头像 ，打开聊天窗口，如图 16-83 所示。

图 16-82　添加好友成功

图 16-83　聊天窗口

1st Day

2nd Day

3rd Day

4th Day

5th Day

6th Day

7th Day

08 在对话窗口中输入你想对好友说的话，然后单击"发送"按钮，就可以将你的信息传递给对方了，如图 **16-84** 所示。

09 对方回复你的信息会显示在聊天窗口中供用户查看，如图 **16-85** 所示。

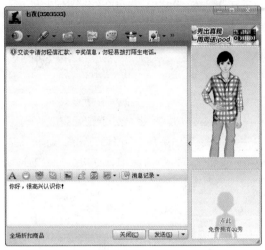

图 16-84　输入语言并发送　　　　　　　　　　图 16-85　查看信息

16.5.4　使用 QQ 传送文件

　　QQ 软件提供了传送文件的功能，我们可以方便快捷的将文件传送给对方，这样能够提高我们的工作效率。使用 **QQ** 传送文件的具体操作步骤如下。

01 在"我的好友"栏中双击需要接收文件的好友的头像，打开聊天窗口，然后单击窗口上方的"传送文件"按钮，在弹出的菜单中选择"直接发送"命令，如图 **16-86** 所示。

02 随后打开"打开"对话框，在该对话框中选择要传送的文件，然后单击"打开"按钮，如图 **16-87** 所示。

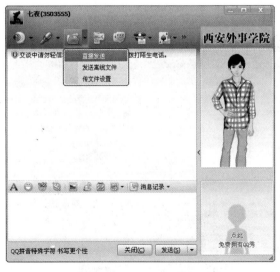

图 16-86　选择"直接发送"命令　　　　　图 16-87　选择要发送的文件

03 随后返回聊天窗口，等待对方接收文件，如图 **16-88** 所示。

04 对方接收文件以后开始传送文件，并在右边的窗格中显示传送进度，如图 16-89 所示。

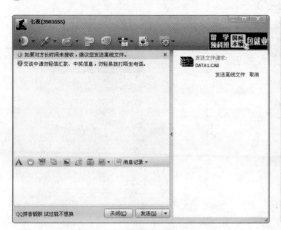

图 16-88　等待对方接收文件

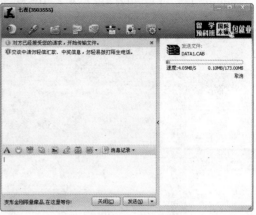

图 16-89　开始传送文件

1st
Day

2nd
Day

3rd
Day

4th
Day

5th
Day

6th
Day

7th
Day

16.5.5　使用 QQ 硬盘保存资料

　　QQ 网络硬盘是目前国内规模最大功能最完善的远程网络存储服务之一，不但为用户提供便捷的文件网络存储服务，同时还提供了文件的好友共享、在线播放等增值功能，形成了用户文件的存储、共享、转移、应用的一站式体验。下面就为大家讲解如何使用 QQ 硬盘保存资料，具体操作步骤如下。

01 在 QQ 2009 界面左侧的工具栏中单击"网络硬盘"图标，如图 16-90 所示。

02 随后打开"网络硬盘"窗口，在该窗口中单击"立即开通"按钮，即可开通网络硬盘服务，如图 16-91 所示。

图 16-90　单击"网络硬盘"图标

图 16-91　单击"立即开通"按钮

03 在"网络硬盘"列表中单击"我的网络硬盘"选项，然后单击"我的图片"选项，接着单击"上传"按钮，在打开的界面中单击"添加"按钮，如图 16-92 所示。

04 打开"打开"对话框，在该对话框中选择准备上传到 QQ 网络硬盘中的图片文件，然后单击"打开"按钮开始上传图片，如图 16-93 所示。

图 16-92　单击"添加"按钮　　　　　　　　图 16-93　上传图片

05 当用户需要使用网络硬盘中的资料时，直接单击选中网络硬盘中需要下载的文件，然后右击，在弹出的菜单中选择"下载"选项。

06 随后打开"浏览文件夹"对话框，在该对话框中选择下载文件保存的位置，然后单击"确定"按钮开始下载文件。

16.6　巩固与练习

本章主要介绍了局域网与使用 Internet 的相关知识，重点介绍了如何利用网络进行现代化办公。希望通过本章知识的学习，使读者掌握网络办公的方法。现在给大家准备了相关的习题进行练习，以对前面学习到的知识进行巩固。

🔵 练习题

（1）在自己的电脑上建立一个网络连接。

（2）在网络中利用下载软件下载 QQ 软件并安装。

（3）将自己的照片上传到 QQ 网络硬盘。

（4）申请一个电子邮箱，并给朋友发送一封邀请信。

Chapter

电脑维护与病毒防治

17

▶▶ 学习内容

▶▶ 精彩实例效果展示

◀ 杀毒软件

◀ 安全助手

▶▶ 学习重点

- 输入设备的维护
- 存储设备的维护
- 清理磁盘空间
- 打印机的日常维护
- 复印机的日常维护
- 电脑病毒的防范措施
- 安装和使用江民 KV2008 杀毒软件
- 使用江民 KV2008 安全助手
- 查看防火墙保护状态
- 设置 Windows 防火墙

◀ 防火墙

17.1 维护电脑设备

为了让我们在日常工作中更方便地使用电脑，首先是要养成良好的电脑使用习惯，然后还需要定期对设备进行维护。在电脑设备中用户使用频率最高的是输入设备和输出设备。当然也不要忘记对存储设备进行维护，因为在存储设备中保存着大量的数据资料。

17.1.1 输入设备的维护

1．键盘的维护

键盘的日常维护主要从以下几个方面着手。

（1）键盘是根据系统设计要求配置的，受系统软件的支持和管理，更换键盘必须在关闭电脑电源的情况下进行。

（2）键盘上几乎所有键的功能都可以由程序设计者来改变，因此每个键的功能不一定都与键帽上的名称相符，使用时，一定要根据所用软件的规定，弄清楚各键的作用。

（3）当电容式键盘多个按键同时失灵，又不在同一行（列）上时，应拆开键盘外壳，仔细观察固定螺钉有无松动。若螺钉松动，紧固一下即可，当螺钉未松动或紧固后故障依旧，应考虑是否由上下薄膜基片上的电极积垢导致键失灵。清洗时拆下薄膜基片，露出金属印制电路与电极，用无水酒精棉球等轻擦电极，之后把两层基片重新叠好，装好紧固件等即可。

（4）机械式键盘按键失灵，原因大多是金属触点接触不良，或因弹簧弹性减弱而出现多码重复。应重点检查维护金属触点、弹簧，使其接触良好。

（5）在操作键盘时，按键动作要适当，不可用力过大，以防键的机械部分受损而失效。按键的时间也不应过长。按键时间大于 0.7 秒，电脑将连续执行这个键的功能，直到松开键为止。

（6）键盘内过多的尘土会妨碍电路正常工作，有时甚至会造成误操作，需要定期清洁表面的污垢，一般清洁可以用柔软干净的湿布擦拭键盘，对于顽固的污渍可以用中性的清洁剂擦除，最后还要用湿布再擦洗一遍。

（7）大多数键盘没有防水装置，一旦有液体流进，便会使键盘受到损害，造成接触不良、腐蚀电路和短路等故障。当大量液体进入键盘时，应当尽快关机，将键盘接口拔下，打开键盘用干净吸水的软布擦干内部的积水，最后在通风处自然晾干即可。

（8）大多数主板都提供键盘开机功能。要正确使用这一功能，用户自己组装电脑时必须选用工作电流大的电源和工作电流小的键盘，否则容易导致故障。

（9）在使用键盘时，遇到光标停不住、字符输不进去的现象，最大的可能便是空格键或某一字符键复位弹簧弹性失效所致，它不断产生空格或字符，以至于其他键不能输入。遇到此种情况，只要将空格键或将键设法弹起，此现象即可消失。若此现象经常发生，则需要更换按键复位弹簧或设法使其恢复弹性。

2．鼠标的维护

鼠标是使用频率最高的电脑设备之一，当用户打开电脑后就会使用鼠标进行操作。鼠标通常分为机械鼠标、光电机械鼠标和光电鼠标 3 种，下面为大家介绍这 3 种鼠标的维护方法。

（1）机械式鼠标

机械式鼠标在使用了一段时间后，橡胶球进入的黏性灰尘附着在传动轴上，会造成传动轴传动不均甚至被卡住，导致灵敏度降低，控制起来不会像刚买时那样方便灵活。这时只需要将鼠标翻过来，摘下塑料圆盖，取出橡胶球，用蘸有无水酒精的棉球清洗一下然后晾干，再重新装好，就可以恢复正常了。

（2）光电机械式鼠标

光电机械式鼠标中的发光二级管、光敏三级管都是较为单薄的配件，比较怕剧烈晃动和振动，在使用时一定要注意尽量避免摔碰鼠标和强力拉扯导线，以免损坏弹性开关。最好给鼠标配备一个鼠标垫，这样既减少了污垢通过橡胶球进入鼠标的机会，又增加了橡胶球与鼠标垫之间的摩擦力，操作起来更加得心应手，还可以起到一定的减振作用。

（3）光电式鼠标

使用光电式鼠标时，要特别注意保持感光板的清洁，要使其感光状态良好、避免污垢附着在发光二级管或光级管上。在任何紧急情况下，都要注意对鼠标不要进行热插拔，否则极易把鼠标和接口烧坏。此外，鼠标能够灵活操作的另一个条件是鼠标具有一定的悬垂度。长期使用后，随着鼠标底座四角上的小垫层被磨低，导致鼠标球悬垂度随之降低，鼠标的灵活性会有所下降。这时将鼠标底座四角垫高一些就能解决问题。

17.1.2　存储设备的维护

存储设备的维护主要是针对硬盘、光驱以及移动存储设备的维护，下面为大家详细讲解。

1. 电脑硬盘维护

硬盘维护主要包括以下几个方面。

（1）定期整理硬盘碎片：在硬盘中，频繁地建立、删除文件会产生许多碎片，如果碎片积累了很多的话，那么日后在访问某个文件时，硬盘可能需要花费很长的时间读取该文件，不仅访问效率下降，还有可能损坏磁道。

（2）病毒防护以及系统升级工作：各类操作系统都存在着很多已知和未知的漏洞，为了保护硬盘的安全，用户应该经常在操作系统内打一些必要的补丁，为杀毒软件下载最新的病毒库，做好病毒防护工作，同时要注意对重要的数据进行保护和经常性的备份，以备数据恢复之需。

（3）为电脑提供不间断电源 UPS：最好为电脑提供不间断电源，正常关机时一定要注意面板上的硬盘指示灯是否还在闪烁，只有当硬盘指示灯停止闪烁、硬盘结束读写后方可关闭电脑的电源开关。

（4）为硬盘降温：硬盘在使用过程中会产生一定热量，所以在使用中存在散热问题。温度以 25℃~30℃为宜，温度过高或过低都会使晶体振荡器的时钟主频发生改变。温度过高还会造成硬盘电路元件失灵，磁介质也会因热胀效应而造成记录错误。

（5）移动电脑硬盘时要小心：首先要轻拿轻放，不要磕碰或者与其他坚硬物体相撞；其次不能用手随便地触摸硬盘背面的电路板，用户在用手拿硬盘时应该抓住硬盘两侧，并避免与其背面的电路板直接接触。

1st Day

2nd Day

3rd Day

4th Day

5th Day

6th Day

7th Day

2. 电脑光驱维护

光驱也是使用频率非常高的设备，用户使用电脑光驱时尽量将其放在光驱托架中。现在的一些光驱托盘很浅，若光盘未放好就进盘易造成光驱门机械错齿卡死。同时，进盘时不要手推光驱门，应该使用面板上的进出盒键，以免入盒机构齿轮错位。在不使用光驱时，把光盘取出，因为一些光驱只要其中有光盘，主轴电机就会不停地旋转，光头不停寻迹、对焦，这样会加快其机械磨损及光电管老化。

尽量不用或少用光驱清洁光盘。这种光盘表面多有几束小毛，工作时光盘以极高的速度让小毛刷从激光头聚焦透镜上扫过，极易造成透镜位移变形。因为透镜是由细金属丝或弹性线圈悬空固定并与循迹聚焦线圈相连，稍有移位变形或脏污，就会造成光驱不读盘。

不要在光驱读盘时强行退盘。由于主轴电机还在高速转动，强行退盘会打花激光头，使聚焦透镜移位。应待光驱灯熄灭后再按出盒键取出光盘。

3. 移动存储设备维护

日常办公中，为了携带方便，通常会使用移动存储设备。那么，如何能够更好的维护这类设备呢？通常需要从以下几个方面来考虑。

注意使用环境：普通储存设备的工作温度环境是 -20℃~55℃，湿度在 65% 时依然可以正常工作。以常见的 CF 储存卡为例，它的温度（128MB 以上容量）在温度相同的情况下可以承受 85% 的湿度环境，而 1GB 以上的产品性能更加了得。现在最高规格的产品（指 1GB~3GB 容量的 CF 卡）的工作温度普遍是 -20℃~65℃，一些优秀的硬件厂家的产品在高达 120℃ 高温环境下都能正常工作。当然，如果超过这些指标的环境，建议避免使用以免损坏设备。

注意正确插拔：虽然 USB 支持热插拔，但一定要在存储器指示灯进入等待状态（不同产品在等待状态时指示灯有所不同，例如有些为指示灯灭，有些则为有规律的闪烁），读写操作完全停止后方可拔下存储器，否则，可能会导致数据丢失甚至损坏硬件设备。相信不少人都遇到过这样尴尬的情况，就是已经把文件拷贝到存储器里了，拿到其他机器中却发现存储器中什么也没有。为什么会这样呢？原因是传输数据的时候可能 CPU 正忙于处理其他程序，所以把用户所拷贝的程序暂放在系统缓存中，待 CPU 空闲时再转移到移动存储器，但这时存储器的指示灯也处于等待状态，使用户以为可以拔了。为避免这种情况，相对保险的方法是使用系统的"安全删除设备"，这是 Windows 自带的系统功能。

避免进行低格：低级格式化通常由厂家在产品出厂之前完成，一般情况下用户并不需要进行低级格式化，只有当磁盘出现某些"病症"的时候，例如硬盘出现逻辑坏道，需要用到低格。而对于闪存盘、存储卡这类移动存储来说，由于内部主要是一块 FLASH 芯片，并没有机械部件，所以不会像硬盘那样出现坏道，不过这并不意味它们不会出现问题，例如有时候会发现闪存盘的盘号丢失，容量突然剧减或传输数据时经常出错，这时就可尝试通过低格来修复。

保护外套：移动这一特点决定了移动存储器经常会遇到各种复杂的环境，例如震动、潮湿、灰尘等，遗失的机会也比非移动的设备大大增加。因此给存储器找个可靠的外套便显得尤为重要，这也是很多用户常常忽略的地方。

17.2　电脑系统的日常维护

电脑是办公自动化的核心部分，各种的操作都需要使用电脑统一控制和协调，因此需要对电脑系统经常进行维护。下面为大家讲解电脑系统的日常维护方法。

17.2.1　清理磁盘空间

使用磁盘清理程序可以帮助用户释放硬盘驱动器空间，删除临时文件、Internet 缓存文件和可以安全删除不需要的文件，腾出它们占用的系统资源，以提高系统性能。清理磁盘空间的具体操作步骤如下。

01 单击"开始"按钮，打开"开始"菜单，然后执行"程序"→"附件"→"系统工具磁盘清理"命令，打开"磁盘清理选项"对话框，在该对话框中选择要清理的文件，如图 **17-1** 所示。

02 随后进入驱动器选择界面，选择要清理的驱动器，例如"工作区域（C：）"，如图 **17-2** 所示。

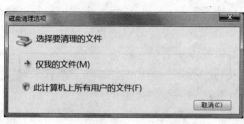

图 17-1　选择要清理的文件

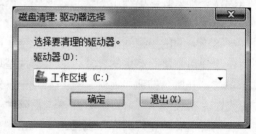

图 17-2　选择要清理的驱动

03 单击"确定"按钮，打开"磁盘清理"对话框，并显示正在扫描文件的进度，如图 **17-3** 所示。

04 扫描文件结束以后弹出"工作区域（C：）的磁盘清理"对话框，在该对话框中选择需要删除的文件，如图 **17-4** 所示。

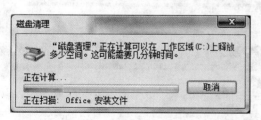

图 17-3　显示正在扫描文件的进度

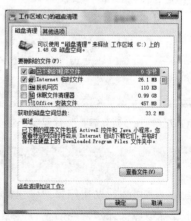

图 17-4　选择可以删除的文件

05 单击"确定"按钮，打开确认是否永久删除这些文件对话框，如图 **17-5** 所示；单击"删除文件"按钮，开始清理前面选择的文件，这时可以看到删除文件的进度，磁盘清理完成后，"磁盘清理"对话框将自动消失，如图 **17-6** 所示。

1st Day

2nd Day

3rd Day

4th Day

5th Day

6th Day

7th Day

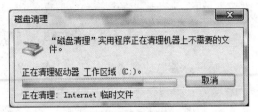

图 17-5　确认是否删除对话框　　　　　　图 17-6　开始清理文件

17.2.2　磁盘碎片整理

磁盘是由一块块的小空间组成，操作系统把文件保存到磁盘上时，首先是把文件中的数据保存在第一个没有被其他文件占用的空间上，如果该空间不足以存放整个文件，操作系统将继续寻找下一块可用空间来存放文件的另一部分，系统不断重复进行这个过程，直到整个文件都被保存到磁盘上为止。如果磁盘上已经保存了多个文件，而且用户经常为这些文件进行添加和删除操作，那么磁盘中可用的空间会变小且不连续，这些未用的小空间就叫做磁盘碎片。

为了优化 Windows Vista 的性能，系统提供了"磁盘碎片整理"程序，它能够整理磁盘碎片，将这些分散的小空间保存在一起成为连续的空间，有效地提高磁盘的整体性能，尽量减少磁盘由于使用频繁而产生的碎片，磁盘碎片整理的具体操作步骤如下。

01 单击"开始"按钮，打开"开始"菜单，然后执行"程序"→"附件"→"系统工具"→"磁盘碎片整理程序"命令，打开"磁盘碎片整理程序"对话框，如图 17-7 所示。

02 在"磁盘碎片整理程序"对话框中单击"立即进行碎片整理"按钮，开始进行磁盘碎片整理，如图 17-8 所示。

图 17-7　打开"磁盘碎片整理程序"对话框　　　图 17-8　开始进行磁盘碎片整理

17.2.3　磁盘备份

备份工具可以帮助用户创建硬盘信息的副本。当硬盘上的原始数据被意外删除或覆盖，或者由于硬盘故障而无法访问时，可以使用副本恢复丢失或损坏的数据。磁盘备份的具体操作步骤如下。

01 单击"开始"按钮，打开"开始"菜单，然后执行"程序"→"附件"→"系统工具"→"备份"→"备份工具"→"备份文件"命令，打开"备份状态和配置"对话框，如图 17-9 所示。

02 在"备份状态和配置"对话框中单击"更改备份设置"命令，进入配置保存备份位置界面，在该对话框中选择保存备份的位置，然后单击"下一步"按钮，如图 17-10 所示。

图 17-9 弹出"备份状态和配置"对话框

图 17-10 选择备份的位置

03 进入配置哪些类型的文件需要备份界面，选择要备份文件的类型，然后单击"下一步"按钮，如图 **17-11** 所示。

04 进入计划备份的频率设置界面，设置好备份的具体时间点以后单击"保存设置并退出"按钮，如图 **17-12** 所示。

图 17-11 选择要备份文件的类型

图 17-12 单击"保存设置并退出"按钮

05 在自动文件备份已启用界面中单击"立刻备份"按钮，打开"备份文件"对话框，我们可以在该对话框看到正在对文件进行备份，如图 **17-13** 所示；当文件备份完成后，单击"关闭"按钮即可完成磁盘备份操作，如图 **17-14** 所示。

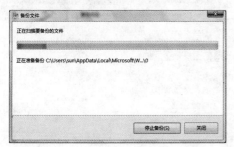

图 17-13 对文件进行备份

图 17-14 完成磁盘备份操作

1st Day

2nd Day

3rd Day

4th Day

5th Day

6th Day

7th Day

17.2.4 数据还原

数据还原是指在已经备份过数据的情况下，将系统数据还原到备份文件时的状态。数据还原可以通过双击备份数据文件的方法进行操作，也可以通过"备份工具"对话框中的"还原向导"来还原数据，数据还原的具体操作步骤如下。

01 单击"开始"按钮打开"开始"菜单，然后执行"程序"→"附件"→"系统工具"→"系统还原"命令，打开"备份状态和配置"对话框，在该对话框中选择"还原文件"选项，如图 **17-15** 所示。

02 随后打开"还原文件"对话框，在该对话框中选择还原文件的备份种类，然后单击"下一步"按钮，如图 **17-16** 所示。

图 17-15 选择"还原文件"选项

图 17-16 选择还原文件的类型

03 在"选择要还原的文件和文件夹"界面中，单击"添加文件"或"添加文件夹"按钮。如果要还原的是单个文件，就单击"添加文件"按钮，如果还原的是整个文件夹里的文件，就单击"添加文件夹"按钮，如图 **17-17** 所示。

04 随后在打开的"添加要还原的文件夹"对话框中选择要还原文件的路径，接着选中某个文件，然后单击"添加"按钮，如图 **17-18** 所示。

图 17-17 单击"添加文件夹"按钮

图 17-18 添加文件

05 返回"选择要还原的文件和文件夹"界面，在该界面中选择需要还原的文件，然后单击"下一步"按钮,如图 **17-19** 所示。随后进入配置还原文件保存位置界面,在该界面中选择还原文件要保存的位置,然后单击"开始还原"按钮,接着在打开的"复制文件"对话框中选择"复制和替换"选项开始还原文件,还原成功后,单击"完成"按钮完成操作,如图 **17-20** 所示。

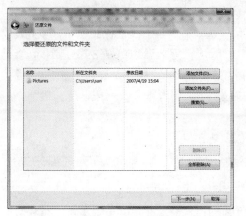

图 17-19　选择要还原的文件

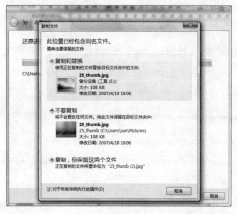

图 17-20　选择"复制和替换"选项还原文件

1st Day

2nd Day

3rd Day

4th Day

5th Day

6th Day

7th Day

 ## 17.3　日常办公设备的维护

在我们日常办公中使用到的各种办公设备,比如打印机、复印机以及传真机,都需要维护和清洗,这样能够延长这些办公设备的使用寿命,下面为大家介绍一些日常办公设备的维护方法。

17.3.1　传真机的维护

传真机的主要功能包括接打电话、复印和收发传真。传真机的工作原理很简单,即先扫描即将需要发送的文件并转化为一系列黑白点信息,该信息再转化为声频信号并通过传统电话线进行传送,接收方的传真机"听到"信号后,会将相应的点信息打印出来,这样,接收方就会收到一份原发送文件的复印件,如图 **17-21** 所示。

传真机主要从下面几个方面进行维护。

(1)启用传真机以前,应当仔细阅读传真机上的安全常识,以便今后有问题时求助。例如警告:不要尝试自己维修您的传真机,绝不能拆卸部件。如果接触设备内部暴露的电接点将引起电击。请将传真机交给您所在地经授权的传真机维修商维修。

图 17-21　传真机

(2)在传真机的背面、底面或侧面会设有通风口。为避免传真机过热,不要堵塞和盖住这些通风口。另外不应将传真机置于床上、沙发上、地毯上或其他类似的柔软台面上,不应靠近暖风或热风机,也不应放在壁橱内、书柜上及其他通风不良的地方。

(3)传真机所用电源只能是设备上所指定的电源类型。不允许电源软线挨靠任何物品。不要将传真机放置在电源软线会被踩到的地方。不要使传真机靠近水或其他液体,如果设备上

或设备内有水，应立即拔去电源插头，并给所在地经授权的传真机维修商打电话。

（4）不要使小件物品插入、掉入传真机内，以便碰到危险电压点或使部件短路引起失火或电击。如果有东西掉入，应立即拔去设备电插头，并给您所在地经授权的传真机维修商打电话。

（5）传真机应远离阳光直射的地方，以便损害设备。如果不得不放置在靠窗处，可安装厚窗帘或百叶窗。避免将传真机放置在温度剧烈波动的场所，应在室内温 10℃～30℃范围内使用。在拔下传真机电源插头后，至少要等 5 秒后才能再插回去，绝不要在传真机打印时拔下电源插头，这会引起打印单元夹纸。在清扫或移动传真机前应先拔去电源插头。在搬运传真机前，应先卸下墨盒，重新安装时，再将墨盒装回。

17.3.2 打印机的日常维护

打印机主要用来打印文件，随着科技的发展，现在的打印机也可以打印出彩色照片效果。打印机的包括针式打印机、喷墨打印机和激光打印机 3 种，目前最常用的是喷墨打印机和激光打印机。

1. 喷墨打印机的维护

喷墨打印机与针式打印机在结构上存在着根本的不同，如图 17-22 所示，它们的日常维护也不一样，喷墨打印机日常维护主要有以下几点。

（1）内部除尘

如前所述，打印机必须在干净无尘、无酸碱腐蚀的环境中工作，避免日光直晒。所以必须定期内部除尘。

先将喷墨打印机的盖板打开，用柔软的湿布清除打印机内部灰尘、污迹、墨水渍和碎纸屑。清洁过程中，如果发现灰尘太多而导致导轴润滑不好，可用干脱脂棉签擦除导轴上的灰尘和油污，并补充流动性较好的润滑油，如缝纫机油。

（2）校准打印喷头

喷墨打印机使用一段时间后喷头会发生偏移，

图 17-22　喷墨打印机

因此应定时校准打印喷头。一般打印机的自带程序中都有自动校准打印喷头的功能。可参照打印机的使用说明书来进行。

（3）更换墨盒

目前喷墨打印机上的墨水盒规格大致分为两种：一种是墨水盒与打印喷头是一体的，更换时打印喷头可随墨水盒一起丢弃，没有维修顾虑，但是墨水盒的成本稍高一些。如佳能与惠普品牌的打印机；另一种墨水盒与打印喷头是分离的，喷头在打印机上，这种类型的墨水盒价格较低，但喷头存在故障隐患。EPSON 品牌的打印机为此种类型。

（4）清洗打印头

大多数喷墨打印机开机即会自动清洗打印头，并设有按钮对打印头进行清洗，如佳能品牌的喷墨打印机就设有快速清洗、常规清洗和彻底清洗 3 档清洗功能，具体清洗操作可参照用户的喷墨打印机操作手册中的步骤进行。如果打印机的自动清洗功能无效，可以对打印头进行手工清洗。手工清洗应按操作手册中的步骤拆卸打印头。

手工清洗打印头可在医用注射器前端套一截细胶管，装入经严格过滤的清水冲洗，冲洗时用放大镜仔细观察喷孔，如喷孔旁有淤积的残留物，可用柔软的胶制品清除。

2. 激光打印机的维护

激光打印机出色的打印效果和快捷的打印速度，深受广大办公用户的喜爱，如图 17-23 所示。在各种类型的打印机中，激光打印机的价格较高，在应用中也更显娇贵，如果不注意使用保养和维护，很容易发生故障。激光打印机的维护需要用户做到以下几点。

（1）保持良好的使用环境

目前的电脑设备对使用环境的要求已经大大降低，不过，如果使用环境过于恶劣，也会影响到设备的正常使用。

激光打印机工作时最适宜的温度是 15℃ ~ 25℃，相对湿度是 40% ~ 50%，如果温度和湿度相差较大的话，会影响到激光打印机的正常使用，严重的甚至损坏设备。

图 17-23　激光打印机

（2）掌握最佳维护时间

掌握激光打印机最佳的维护时间，可以收到最好的维护效果。它们分别是：每次更换硒鼓时、每打印完 2500 页左右时和出现打印质量问题时。

（3）保持激光打印机自身的清洁

保持激光打印机的清洁关键在于除尘。粉尘是几乎所有的电器设备的天敌，对于激光打印机来说，粉尘来自两个方面：外部和内部。

一般情况下，用户可以使用专用的清洁工具对激光打印机进行清洁，这些清洁工具使用方便，清洁效果也比较好。清洁纸是最为常用的清洁工具，它的外形和普通的打印纸基本没有区别，其具有很强的吸附功能，使用时将它放入纸槽，选择打印一份空白文档，让清洁纸在打印机内部正常地运行一次，清洁纸会粘走滚轮和走纸道上的粉尘，基本上 3~5 次便能完成清洁工作。

（4）注意硒鼓的安装与存放

硒鼓是激光打印机里重要的部件，直接影响打印的质量。在安装时，先要将硒鼓从包装袋中取出，抽出密封条，再以硒鼓的轴心为轴转动，使墨粉在硒鼓中分布均匀，这样可以使打印质量提高。对硒鼓进行保存时，要将硒鼓保存在原配的包装袋中，在常温下保存即可。切记不要让阳光直接暴晒硒鼓，否则会直接影响硒鼓的使用寿命。

（5）养成良好的使用习惯

首先，在向纸盒装纸之前，应将纸捏住抖动几下，使纸张页与页之间散开，以减少因为纸张之间的粘连而造成的卡纸，尤其在一些湿度较大的阴雨天更应如此。其次，纸盒不要装得太满，一般情况下安装额定数量 80% ~ 90% 是比较合理的。再次，注意打印纸的质量。激光打印机对打印纸也是比较敏感的，使用质量较差的打印纸会经常出现卡纸的现象。除此之外，在打印时不随意拉动打印稿，在打印时不要移动打印机等都是良好的使用习惯。

1st Day

2nd Day

3rd Day

4th Day

5th Day

6th Day

7th Day

17.3.3　复印机的日常维护

复印件要忠实于复印件原稿，我们从复印件是否忠实于原稿，可看出复印机的性能和工作状态的好坏。判断复印机性能好坏主要以复印件的黑度值、底灰大小、对比度、分辨率、层次感等为依据，如图 **17-24** 所示。

（1）保养时应关闭复印机主电源开关，拔下电源插头，以免金属工具碰触使复印机短路。

（2）使用各种溶剂时应严格按要求操作，不耐腐蚀的零部件切不可使用溶剂清洁。使用时应避免明火。

（3）一些绝缘部件用酒精等擦拭后一定要等液体完全挥发后再装到复印机上，否则会使其老化。

（4）使用润滑油时，要按说明书的要求进行，一般塑料橡胶零件不得加油，否则会使其老化。

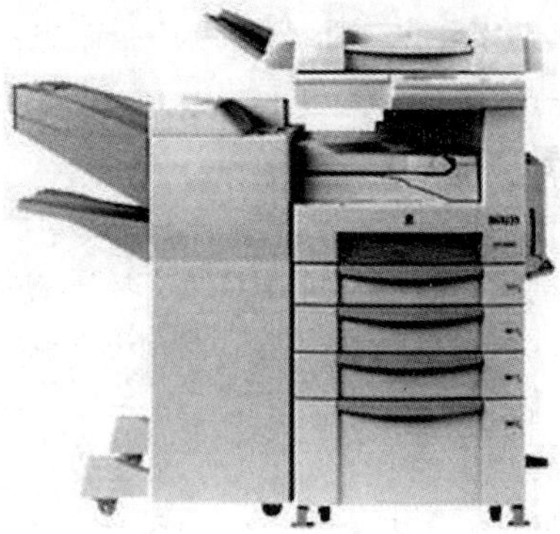

（5）拆卸某一部件时，应注意拆下的顺序。零

图 17-24　复印机

件较多时，可以记录下来，以防忘记。特别是垫圈、弹簧、轴承之类，安装时应以相反的顺序操作。

（6）机器内、外部所使用的螺钉容易混淆，应在拆下后分别放置，以免上错，使之损坏。

（7）在拆卸内驱动链条、皮带、齿轮时，应记住其走向，一般可用纸画下来后再拆，以免装错，使机件损坏。

17.4　认识电脑病毒

电脑病毒是一种人为编制的电脑程序，而不是人们传统意义上讲的病毒。一般是编制者为了达到某种特定的目的，编制的一种具有破坏电脑信息系统、毁坏数据，影响电脑使用的电脑程序代码。在多数的情况下，这种程序不是独立存在的，它依附于其他的电脑程序，如同生物病毒一样，具有破坏性、传染性和潜伏性。

17.4.1　电脑病毒的来源

电脑病毒的来源是多种多样，主要有以下几种。

（1）无聊程序或实验品，主要是部分电脑工作人员或业余爱好者纯粹因为个人兴致而制造出来的，有的是用来测试个人的编程能力，有的则纯粹是为了开玩笑，这类病毒一般以良性病毒为主。

（2）蓄意破坏，一般多表现为病毒编制者对某个人或组织的报复性行为，也有一些是团体行为，比如现代战争中的信息战，实施有组织有规模的病毒攻击是打击对方信息系统的一个有效手段。

（3）研究实验，这类病毒则是用于研究实验而设计的样本程序，由于某种原因失去控制扩散出实验室或研究所，从而成为危害四方的电脑病毒。

17.4.2 电脑病毒的特征

电脑病毒有以下几个明显的特征。

（1）破坏性。任何电脑病毒感染了系统后，都会对系统产生不同程度的影响。发作时轻则占用系统资源，影响电脑运行速度，降低电脑工作效率，使用户不能正常使用电脑，重则破坏用户电脑的数据，甚至破坏电脑硬件，给用户带来巨大的损失。

（2）传染性。这是病毒的基本特征，是判别一个程序是否为电脑病毒的最重要的特征，一旦病毒被复制或产生变种，其传染速度之快令人难以预防。

（3）寄生性。一般的电脑病毒都是寄生于其他的程序，当执行这个程序时，病毒代码就会被执行。一般在正常程序未启动之前，用户是不易发觉病毒的存在的。

（4）潜伏性。大部分的病毒感染系统之后不会马上发作，它隐藏在系统中，像定时炸弹一样，只有在满足其特定条件时才启动。

（5）隐蔽性。电脑病毒具有很强的隐蔽性，它通常附在正常的程序之中或藏在磁盘的隐秘地方，有些病毒采用了极其高明的手段来隐藏自己，如使用透明图标、注册表内的相似字符等，而且有的电脑系统在感染了病毒之后，系统仍能正常工作，用户不会感到任何异常，在这种情况下，普通用户是无法在正常的情况下发现病毒的。

17.4.3 电脑病毒的种类

电脑病毒的种类大致有以下几类。

（1）文件型病毒。其感染对象是电脑系统中独立存在的文件。病毒将自身粘贴到可执行文件或其他文件中，在文件运行或被调用时驻留内存进行传染与破坏。

（2）引导型病毒。其感染对象是电脑存储介质的引导区。病毒将自身的全部或部分逻辑取代正常的引导记录，而将正常的引导记录隐藏在介质的其他存储空间。由于引导区是电脑系统正常工作的先决条件，所以此类病毒可在电脑运行前获得控制权，其传染性很强。

（3）混合型病毒。混合型病毒通过感染多个目标，其感染对象包括引导区和文件，同时具有以上两种类型病毒的特征。

17.4.4 电脑病毒的传播途径

电脑病毒的传统途径多种多样，主要有以下几个方面。

（1）移动存储设备。病毒可以通过磁盘等移动存储设备来传播的，包括软盘、硬盘、光盘、移动 U 盘等，在这些存储设备中，U 盘是使用最广泛的，也是目前病毒传染的最主要的途径之一。

（2）下载网络资源。随着 Internet 技术的迅猛发展，现在使用电脑的用户几乎每天都从网络上下载一些有用的资料信息。同时，Internet 也是那些病毒滋生的温床，当用户从 Internet 上下载各种资料的同时，也给病毒提供了良好的入侵通道。

1st Day
2nd Day
3rd Day
4th Day
5th Day
6th Day
7th Day

（3）电子邮件。当互联网与电子邮件成为人们日常工作必备的工具之后，电子邮件病毒无疑是病毒传播的最佳方式了，近几年常出现的危害性比较大的几乎全是通过电子邮件进行传播的。

17.4.5　电脑病毒的防范措施

电脑病毒的主要防范措施有以下几方面。

（1）对公用软件和共享软件的使用要谨慎，禁止在机器上运行游戏盘，因为游戏盘携带病毒的概率很高。禁止将软盘带出或借出使用，必须要借出的盘归还后一定要进行检测，确认无毒后才能使用。

（2）经常性制作备份文件，当遭到病毒侵害时，能立即恢复文件，免受损失。

（3）写保护所有系统盘，不要把用户数据或程序写到系统盘上，应备份一份无毒的系统盘并写保护。

（4）如果有硬盘，尽量不用软盘启动系统。绝不要用外来的软盘启动系统。

（5）对来历不明的软件需要检查才能上机运行。要尽可能使用一种以上的最新查毒、杀毒软件来检查外来的软件，未经检查的文件不能拷入电脑。

17.5　杀毒软件的安装与使用

杀毒软件也称反病毒软件，是用于检测并清除电脑病毒、木马和恶意软件、保护电脑安全的一类软件的总称。杀毒软件通常集成监控识别、病毒扫描和清除及自动升级等功能，有的杀毒软件还带有数据恢复功能。

17.5.1　安装江民 KV2008 杀毒软件

目前江民最新的杀毒软件为 2010 版本。但下面我们以江民 KV2008 版本进行讲解。

01 在江民杀毒软件网站中下载 KV2008，下载完成后，单击"运行"按钮进入江民 KV2008安装界面，如图 17-25 所示。

02 单击"下一步"按钮进入许可协议界面，阅读许可协议然后勾选"同意"复选框，如图 17-26所示。

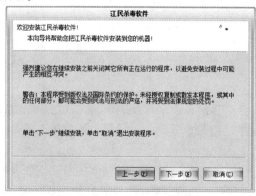

图 17-25　进入安装界面

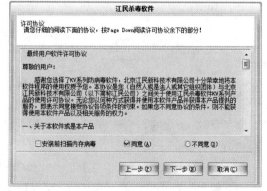

图 17-26　勾选"同意"复选框

03 单击"下一步"按钮进入选择安装模式界面，在该界面选择安装软件的模式，如图 17-27所示。

04 单击"下一步"按钮进入安装路径界面，在该界面选择选择安装路径和病毒隔离区的路径，如图 **17-28** 所示。

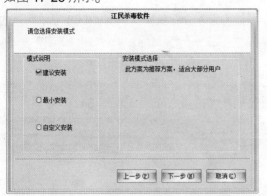

图 17-27　选择安装软件的模式　　　　图 17-28　选择安装路径和病毒隔离区的路径

05 单击"下一步"按钮进入安装信息界面，在这里显示前面用户设置的安装信息，如果发现设置有误，可以单击"上一步"按钮返回上级界面修改设置，如图 **17-29** 所示。

06 单击"下一步"按钮进入安装选项界面，在这里选择是否要启用江民 KV 工具栏，如图 **17-30** 所示。

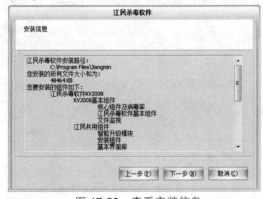
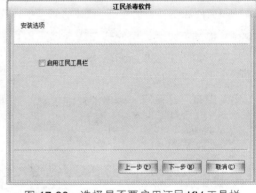

图 17-29　查看安装信息　　　　图 17-30　选择是否要启用江民 KV 工具栏

07 单击"下一步"按钮开始安装江民 KV2008 杀毒软件，在如图 **17-31** 所示的窗口中可以查看到安装进度。安装完成后，单击"完成"按钮来结束安装，如图 **17-32** 所示。

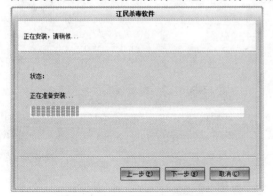
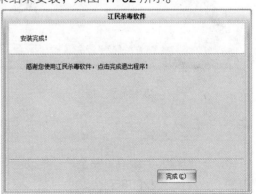

图 17-31　查看安装进度　　　　图 17-32　结束安装

1st Day

2nd Day

3rd Day

4th Day

5th Day

6th Day

7th Day

17.5.2 使用江民 KV2008 查杀病毒

杀毒软件的主要功能就是查杀电脑病毒,下面就为大家介绍使用江民 KV2008 查杀病毒的具体操作步骤。

01 启动江民 KV2008,在软件窗口中单击"文件夹目标"标签,在该界面中选择需要查杀病毒的文件夹,如图 17-33 所示。

02 单击软件窗口右下方的"开始"按钮,杀毒软件开始扫描病毒,如图 17-34 所示。

图 17-33 选择需要查杀病毒的文件夹

图 17-34 单击"开始"按钮

03 扫描结束以后如果发现病毒会提示用户删除病毒,如果没有发现病毒,会提示用户扫描未知病毒,如图 17-35 所示。

04 单击"是"按钮开始扫描未知病毒,并将扫描的结果显示在未知病毒窗口中供用户查看,如果发现有可疑程序,单击"处理可疑"按钮即可删除该文件,如图 17-36 所示。

图 17-35 提示扫描未知病毒

图 17-36 显示可疑程序供用户查看

17.5.3 使用江民 KV2008 安全助手

江民 KV2008 集成了安全助手的功能,其安全助手具有扫描速度快、功能强、稳定性好等特点。江民 KV2008 安全助手包括恶意软件检测、插件清理免疫、系统清理、漏洞检查、系统优化、系统修复等众多功能。下面为大家介绍如何使用江民 KV2008 安全助手,具体操作步骤如下。

01 在江民 KV2008 软件窗口中单击"系统安全"选项,在弹出的快捷菜单中选择"安全助手"→"流氓软件清除"选项,打开"江民杀毒软件安全助手"窗口,在该窗口中单击"恶意软件检测"选项,在右侧的窗口中看到有"自动清除"和"自定义清除"两个按钮,如图 17-37 所示。

02 单击左边窗格中的"插件管理"选项,然后在右边窗格中显示的插件名称中选择要启用或是要禁用的插件,如果发现有恶意插件,可以在选中该插件之后单击"清理"按钮,将其删除,如图 17-38 所示。

图 17-37 恶意软件检测

图 17-38 插件管理

03 单击左边窗格中的"插件免疫"选项,在右边窗格中显示的插件名称中选择要进行免疫的恶意插件,然后单击"免疫"按钮,这样系统以后就不会受到这些恶意插件的侵袭了,如图 17-39 所示。

04 单击左边窗格中的"系统清理"选项,在右边窗格中选择要清理的类型,然后单击"清理"按钮,这里建议大家将清理项全部选中并进行清理,如图 17-40 所示。

图 17-39 插件免疫

图 17-40 系统清理

05 单击左边窗格中的"地址栏清理"选项,在右边窗格中会显示输入过的网址以及操作电脑时留下的路径信息。为了保护用户的隐私,不被其他人查看到用户操作后的痕迹,可以单击"全选"按钮,将清理地址栏中的项目全部选中,然后单击"清理"按钮将选中项全部清除,如图 17-41 所示。

06 单击左边窗格中的"启动项管理"选项,在右边窗格中会显示系统当前加载的启动项名称,为了加快系统启动的速度,可以勾选不需要的启动项,然后单击"删除选中项"按钮将选中项删除,如图 17-42 所示。

1st Day

2nd Day

3rd Day

4th Day

5th Day

6th Day

7th Day

图 17-41　地址栏清理　　　　　　　　　　图 17-42　启动项管理

07 单击左边窗格中的"进程管理"选项，在右边窗格中会显示系统当前运行进程的详细信息，如果发现有恶意进程，可以将该进程选中后右击，在弹出的快捷菜单中选择"结束进程"选项即可，如图 **17-43** 所示。

08 单击左边窗格中的"系统修复"选项，在右边窗格中会显示系统的异常状态，单击"修复"按钮，即可进行修复系统，如图 **17-44** 所示。

图 17-43　进程管理　　　　　　　　　　　图 17-44　系统修复

17.6　Windows Vista 防火墙

在 Windows Vista 中，微软大力加强了 Windows 防火墙的安全性能，除了保留了通过控制面板访问 Windows 防火墙的 GUI 界面的特性外，还为高级用户准备了通过 MMC 控制台对防火墙进行高级配置的能力。一旦通过 MMC 控制台进入防火墙的高级设置功能，就会发现它可以让用户自行设置输入和输出的网络规则，满足用户的各种需求。

17.6.1　查看防火墙保护状态

打开 Windows Vista 防火墙的方法很简单，在"控制面板"中双击"Windows 防火墙"图标即可打开 Windows Vista 防火墙，如图 **17-45** 所示。在这里能够看到当前 Windows 防火墙的状态，同时还可以了解到对于非正常进入的连接是否给予阻止、在阻止程序时候是否显示提示信息等。

在查看了这些防火墙相关的状态信息之后，单击"更改设置"链接即可对防火墙状态进行设置，如果窗口中显示"Windows 防火墙正在帮助保护您的电脑"，则表示防火墙已经启用，否则建议进行相关的配置并启用防火墙进行系统防护，如图 17-46 所示。

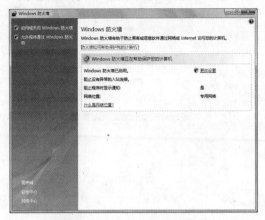
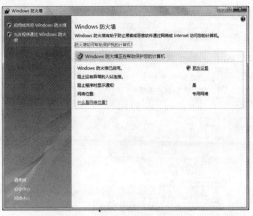

图 17-45 Windows Vista 防火墙　　　　　图 17-46 启用防火墙时系统状态

1st Day

2nd Day

3rd Day

4th Day

5th Day

6th Day

7th Day

17.6.2 设置 Windows 防火墙

在"Windows 防火墙设置"对话框中有"常规"、"例外"以及"高级" 3 个选项卡，可以针对不同的方面进行设置，下面分别进行介绍。

1."常规"选项卡

在"Windows 防火墙设置"对话框的"常规"选项卡中有"启用"和"关闭"两个选项，一般情况下建议选中"启用"单选按钮。当 Windows 防火墙处于启用状态时，打开程序时大多会提示是否解除阻止。如果想要解除阻止某一程序，可以在"例外"选项卡中进行设置，也可以针对阻止程序提示信息进行设置，如图 17-47 所示。

如果选择"阻止所有传入连接"选项，Windows 防火墙会阻止所有主动连接电脑的尝试。当连接到局域网或是发现电脑病毒在互联网上扩散的时候，选择此项能够为电脑提供最大程序的保护。而此时仍然可以查看大多数的网页、发送和接收电子邮件，以及发送和接收即时消息等。

如果选中"关闭"单选按钮，那么电脑很容易受到黑客和恶意软件的攻击。如果电脑上没有安装其他防火墙或是杀毒软件，建设不要选中"关闭"这一单选按钮。

图 17-47 "常规"选项卡

2."例外"选项卡

如果在"常规"中选中了"启用"单选按钮，那么大部分程序在连接网络的时候会被阻止，因此在"例外"选项卡中可以设置允许某些程序不受限制地连接网络，具体的设置步骤如下。

01 在"程序或端口"列表框中提供了网络共享服务、远程管理、SNMP 等多种常用的网络服务程序，如果需要在 Windows Vista 中运行某些程序或者服务，只需要在列表中勾选需要的网络服务程序即可，如图 17-48 所示。

02 虽然列表中提供了一些常用的网络程序，但是更多的网络程序并没有出现在列表中。用户可以单击"添加程序"按钮，在弹出的"添加程序"对话框中选择需要添加的程序即可，如图 **17-49** 所示。

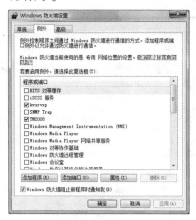

图 17-48 . 勾选需要的网络服务程序

图 17-49 选择需要添加的程序

03 在"添加程序"对话框中单击"更改范围"按钮，弹出"更改范围"对话框，在这里可以解除一组电脑的端口。在该对话框中提供"任何计算机"、"仅我的网络"以及"自定义列表"3种选项。一般情况下选中"仅我的网络"单选按钮即可，如果需要自定义列表，则需要以"192.168.0.2，255.255.255.0"类型输入，设置完成后单击"确定"按钮，如图 **17-50** 所示。

04 返回到"Windows 防火墙设置"对话框，单击"添加端口"按钮，激活"添加端口"对话框，在此可以分别设定端口名称、端口号和采用的协议。例如设置 QQ 服务的端口号为 443、采用的协议为 TCP，设置之后能够让 QQ 所使用的 443 端口得以正常使用，如图 **17-51** 所示。

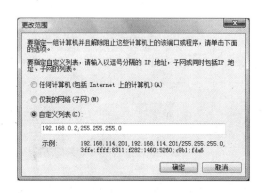

图 17-50 更改范围

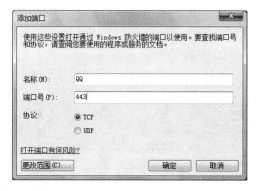

图 17-51 添加端口

3."高级"选项卡

在"高级"选项卡中能够查看到已经设置好的网络连接，这时可以选择是否为网络连接使用 Windows 防火墙。勾选"本地连接"复选框之后，就可以让 Windows 防火墙保护这两个网络连接，如图 **17-52** 所示。

设置好 Windows 防火墙后，一旦有程序需要接入到互联网，防火墙首先会根据"例外"列表中的程序进行判断，如果程序位于列表中则能够正常接入网络，反之会弹出"拦截"对话框阻止该程序接入到互联网。

　　根据程序名字、发行公司以及程序安装的路径不难判断出这个程序是否需要连接，对于正常的程序可以单击"解除锁定"按钮使其接入网络，否则单击"保持阻止"按钮拦截程序接入网络。通过这种方式，任何需要连接到网络的程序都需要得到 Windows 防火墙的许可，从而可以确保电脑的安全。

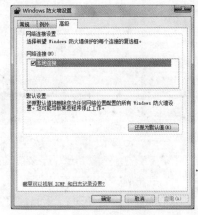

图 17-52　为网络连接使用 Windows 防火墙

17.6.3　设置本地安全策略

　　如果需要通过安全策略配置防火墙，首先要激活"本地安全策略"，然后按照下面的步骤设置本地安全策略。

01 单击"开始"按钮打开"开始"菜单，在"开始"菜单下边的输入框中输入"secpol.msc"，然后按下 Enter 键后打开"本地安全策略"窗口，如图 **17-53** 所示。

02 在"本地安全策略"对话框中单击"高级安全 Windows 防火墙"选项，可以在"概述"区域看见防火墙中包括域配置文件、专用配置文件和公用配置文件 3 个配置文件，分别用于域环境、单机和公用环境，如图 **17-54** 所示。

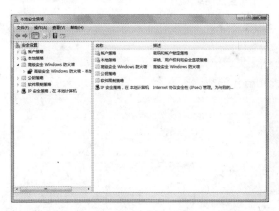 

图 17-53　"本地安全策略"窗口　　　　图 17-54　高级安全 Windows 防火墙

03 单击"Windows 防火墙属性"链接，打开"高级安全 Windows 防火墙-本地组策略对象"对话框，如图 **17-55** 所示。

04 在该对话框中单击代表公用环境的"公用配置文件"选项卡，并且将"防火墙状态"选项设置为"启用"即可，如图 **17-56** 所示。

1st Day

2nd Day

3rd Day

4th Day

5th Day

6th Day

7th Day

图 17-55 "高级安全 Windows 防火墙-本地组策略…"对话框　　图 17-56 将"防火墙状态"选项设置为"启用"

在设置"公用配置文件"里的"入站连接"和"出站连接"时需要注意，不管是设置为"允许"还是"禁止"都会影响到所有程序。例如在这里禁止了所有入站连接，但又需要开放某些端口的出站连接，那么还需要在随后的例外设置中进行设置。因此，一般用户在打开防火墙之后，将入站连接设置为"阻止"，并且将出站连接设置为"允许"，这样设置后，平时浏览网页、下载等出站连接活动将不会受到任何影响，但是外界的主动入站连接都将被禁止。

17.7 巩固与练习

本章主要介绍了电脑维护与病毒防治方面的知识，首先介绍了一些电脑设备和操作系统的维护知识，然后讲解了系统安全方面的知识和病毒防治的方法。希望读者通过本章的学习后，能够维护自己的设备，并对自己的电脑进行设置以免受病毒的侵扰。现在给大家准备了相关的习题进行练习，以对前面学习到的知识进行巩固。

练习题

（1）为自己的电脑硬件设备进行一次"保洁"。

（2）将电脑中的重要数据进行备份。

（3）为电脑安装一个杀毒软件，并对电脑进行全方位扫描。

（4）在 Windows 放火墙中设置程序访问 Internet 的权限。